本书的编写由中国科学院青年创新促进会资助（会员编号：2014068）。

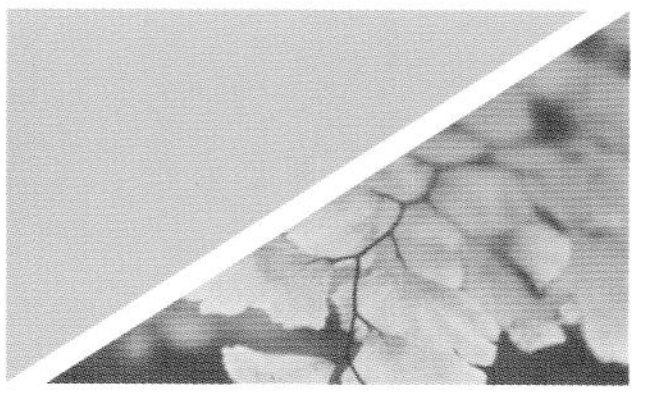

中国科学院北京植物园图谱

王英伟 / 主编

FIELD GUIDE OF BE[illegible]
BOTANICAL GARDEN,
IB-CAS

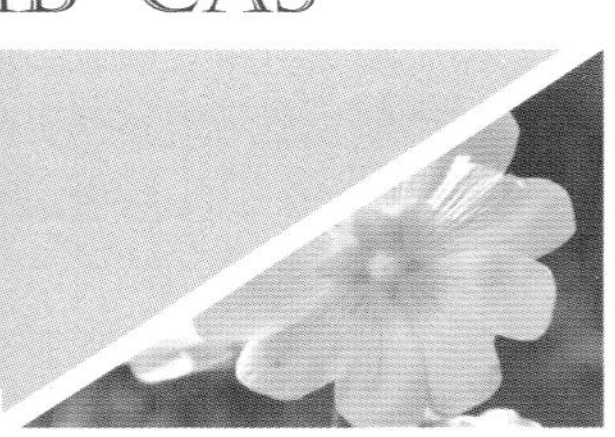

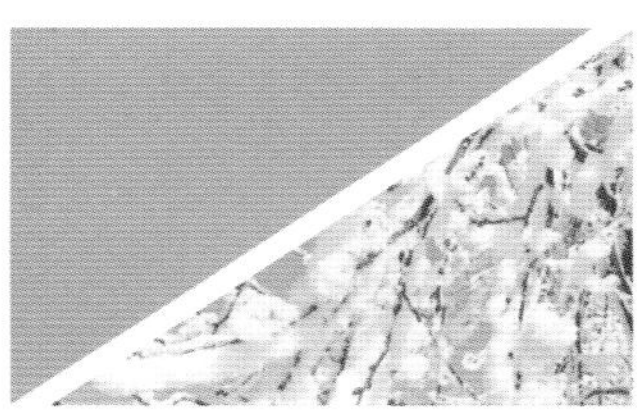

北京大学出版社
PEKING UNIVERSITY PRESS

图书在版编目(CIP)数据

中国科学院北京植物园图谱/王英伟主编. —北京：北京大学出版社,2018.10

ISBN 978-7-301-23931-5

Ⅰ.①中… Ⅱ.①王… Ⅲ.①植物园—北京市—图谱 Ⅳ.①Q94-339

中国版本图书馆CIP数据核字（2014）第022568号

书　　名　中国科学院北京植物园图谱
ZHONGGUOKEXUEYUAN BEIJINGZHIWUYUAN TUPU
著作责任者　王英伟　主编
责任编辑　颜克俭　郗泽潇
标准书号　ISBN 978-7-301-23931-5
出版发行　北京大学出版社
地　　址　北京市海淀区成府路205号　100871
网　　址　http://www.pup.cn　新浪微博：@北京大学出版社
电子信箱　zyjy@pup.cn
电　　话　邮购部010-62752015　发行部010-62750672
编辑部010-62704142
印 刷 者　北京大学印刷厂
经 销 者　新华书店
850毫米×1168毫米　32开本　10.75印张　407千字
2018年10月第1版　2018年10月第1次印刷
定　　价　58.00元

中国科学院北京植物园图谱

主　编：王英伟

副主编：叶建飞　林秦文

编　委（按姓名拼音排序）：

韩　艺　郝加琛　李　东　李敬涛

李青为　李晓东　林秦文　刘　冰

刘立安　刘永刚　邵天蔚　孙国峰

王　湜　王英伟　姚　涓　叶建飞

张会金

摄　影：刘　冰　林秦文　叶建飞　刘永刚

李敬涛

前言

北京植物园于1950年开始选址筹建，1956年经中央人民政府正式批准建设。按照最初的规划规定：香山公路以北为展区，由北京市园林局负责管理；香山公路以南为试验区和苗圃区，由中国科学院植物研究所负责。由此，一路分隔的“南北两家”北京植物园本是一家，只是分属于不同的管理体系，当然其工作重点和建设成果也不尽相同。

中国科学院植物研究所北京植物园（以下简称北京植物园南区）的核心工作，以收集和保存我国“三北”地区及国内外生态环境相似地区的野生植物资源为重点，并着力打造植物多样性保护和可持续利用研究中心，建设植物引种驯化理论和实践的科研基地，建成融“科学、文化、艺术”为一体的特色开放展区和国家科普基地。目前，历经60余年的风雨，北京植物园南区已收集保存300余科7000余种（含品种）植物资源，初步建成了占地20余公顷的特色科普展区，选育的新优品种为国民经济建设做出了重大贡献。

北京植物园南区作为全国科普教育基地，担负着科学传播的重任，曾三次出版或再版《北京植物园栽培植物名录》。目前，出版一本简要介绍园区植物的图谱，是非常有必要的，也是十分迫切的。本书切合这一需要，收录了具有较高观赏价值或在科研教学中具有代表性的158科近500种植物，并汇集成册。书中裸子植物分科按照郑万钧系统，被子植物分科按照恩格勒系统，每种配以简略形态描述并注明园区观察位置。本书可作为专业实习辅助用书，也可帮助普通游客识别植物、欣赏植物。

我国广阔的山河孕育着3万多种高等植物，期待大家在北京植物园南区实地参观游览过程中，了解祖国之地大物博，在探索“活植物博物馆”的同时，欣赏到每种植物的奇特，并能提高环境保护意识。

请您接受本书的邀请，在幽静的环境里感受绿色生命的彩色韵律吧！

编　者

2018年5月

园区实习及参观推荐路线

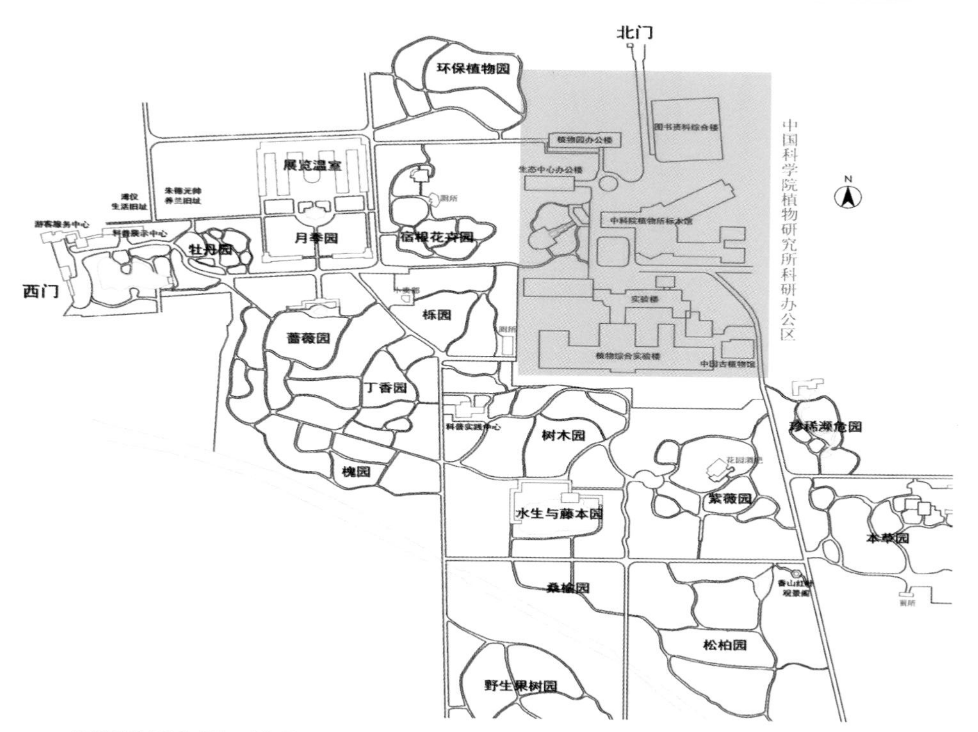

西门购票入园： 牡丹园→月季园→展览温室→环保植物园→宿根花卉园→栎园→蔷薇园→丁香园→水生与藤本园→树木园→紫薇园→松柏园→本草园→珍稀濒危园→科研办公区（团体预约活动）→北门出口

主要分区介绍

牡丹园：牡丹号称“花中之王”，该园展示有牡丹品种200余个、芍药品种60余个，最佳观赏期为4月中下旬至5月；此外，该园还栽培有5种古莲花，是由出土的古莲子培育而来，品种最久可追溯到千年以前的宋代，其观赏期为6月中旬至7月上旬。

月季园：月季号称“花中皇后”，该园栽培展示有300余个月季品种，包括大花香水月季、藤本月季及其他各类品种，5月至10月间，花开不断，不负美誉。

展览温室：该温室建成于1965年，重修于2018年。重修后将逐步展出热带、亚热带植物资源2000种。许多具有重要历史文化价值的植物，如印度所赠的国礼植物菩提树、朱德元帅当年栽种过的西藏虎头兰等，也栽培于此。

环保植物园：该园栽培有抗性较强或具有污染物指示作用的植物，如法国梧桐、北美短叶松、柽柳、皂角、紫露草等特色植物。

宿根花卉园：该园栽培有毛茛科、罂粟科、虎耳草科、忍冬科、报春花科、唇形科、菊科、石蒜科、百合科等数百种植物；该园另建有岩生植物区。

栎园：该园目前收集壳斗科植物80余种，主要栽培展示有蒙古栎、栓皮栎、槲树、红槲栎、夏橡、大果栎、无梗花栎、白栎等。

松柏园：建园以来共收集裸子植物共9科30属200余种。该园可以观赏到活化石植物水杉，以及木贼麻黄、红松、华山松、乔松、黄山迎客松、欧洲红豆杉等60余种珍贵物种。该园冬季时青绿盎然，植物错落有致；在松音亭上眺望西山，令人心情舒畅。

本草园：该园保存药用植物资源300余种，包括丹参、甘草、枸杞、桔梗、何首乌、百部、罗布麻等常用中药植物。需要提醒读者的是，植物药材需要经过特殊的炮制，才能减小毒性、健康使用，请大家爱护植物，切勿采摘。

科研办公区：科研办公区可预约团体科学体验课程，微信公众号：BBG-IOB。

被子植物

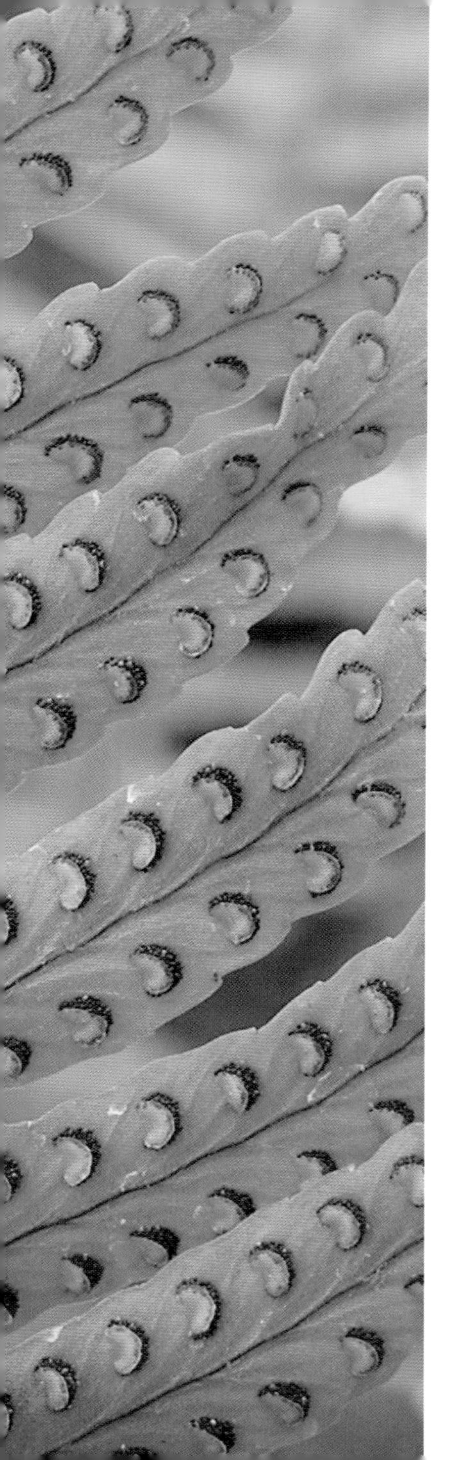

蕨类植物

松叶蕨科 PSILOTACEAE

小型蕨类，附生或土生。根茎粗，横行，褐色，具假根。地上茎直立或下垂，绿色，多回二叉分枝。小型叶散生，二型。孢子囊单生在孢子叶腋，球形，2瓣纵裂，2—3个融合为聚囊，形如2—3室的孢子囊。孢子一型，肾形，具单裂缝。

本科共2属；其中梅溪蕨属约15种主产大洋洲，松叶蕨属约2种广泛分布于热带及亚热带。中国有1属，1种。

松叶蕨 Psilotum nudum（松叶蕨属）

附生于树干上或岩缝中。根茎圆柱形，褐色，二叉分枝。高15—51厘米。地上茎绿色，下部不分枝，上部多回二叉分枝；枝三棱形，密生白色气孔。不育叶鳞片状三角形，草质；孢子叶二叉形。孢子囊常3个融合为三角形的聚囊，孢子肾形。

在我国分布于西南部至东南部。

观察地点：展览温室。

骨碎补科 DAVALLIACEAE

中型，附生，少有土生。根状茎横走或少为直立，通常密被鳞片。叶柄基部有关节；叶片通常为三角形，二至多回羽状分裂，羽片基部有关节。叶脉分离，孢子囊群着生于小脉顶端；囊群盖多样；孢子囊柄细长。

本科共5属，约35种，主要分布于亚洲的热带及亚热带地区。中国有4属，约17种，多产于西南部及南部，仅有1种产于华北及东北。

大叶骨碎补 *Davallia formosana*（骨碎补属）

附生于低山山谷的岩石上或树干上。植株高达1米。根状茎粗壮，密被蓬松的阔披针形鳞片。叶片四回羽状或五回羽裂；坚草质或纸质，无毛。孢子囊群多数，每裂片有1枚，生于小脉中部稍下；囊群盖管状。孢子椭圆形。

在我国分布于南部及西南部。海拔600—700米生存。

观察地点： 展览温室。

碗蕨科 DENNSTAEDTIACEAE

陆生，有时攀援。根茎常横生，覆盖有多细胞毛被，无鳞片。叶片一至四回羽状分裂，小羽片对生或互生，叶脉常分离。孢子囊边缘生或内生，线形或圆形，常生在叶脉末端，囊群盖线形或碗形，有时具假囊群盖。孢子四面形或肾形。

本科共10余属，约170—300种，主要分布于热带地区。中国有7属，约50种。

蕨 *Pteridium aquilinum*（蕨属）

生于山地阳坡及森林边缘阳光充足的地方，植株高达1米。根状茎长而横走，密被锈黄色柔毛，以后逐渐脱落。叶片阔三角形或长圆三角形，三回羽状，先端渐尖，基部圆楔形，叶脉稠密，仅下面明显。叶干后近革质或革质，暗绿色。

在我国分布于长江流域及长江以北地区。海拔200—830米生存。根状茎可提取淀粉，嫩叶可食，全株均入药。

观察地点： 宿根花卉园、本草园等处。

凤尾蕨科 PTERIDACEAE

陆生，大型或中型蕨类植物。根状茎长而横走，有管状或网状中柱，或短而直立、或斜升，密被狭长而质厚的鳞片，鳞片以基部着生。叶多为一型，疏生或簇生，有柄；叶片多为长圆形或卵状三角形，通常一回羽状或二至三回羽裂。孢子囊群线形，沿叶缘生；孢子常为四面形，表面通常粗糙或有疣状突起。

本科约50属，约900种，分布于世界范围的热带和亚热带，尤以亚洲的热带地区为多。中国有20属，约233种。

铁线蕨 Adiantum capillus-veneris（铁线蕨属）

常生于流水溪旁石灰岩上或石灰岩洞底和滴水岩壁上。根状茎细长横走，密被棕色披针形鳞片。叶远生或近生；柄纤细，栗黑色，有光泽，叶片卵状三角形，下部多为二回羽状，上部为一回奇数羽状。孢子囊群横生于能育的末回小羽片的上缘；囊群盖长形、长肾形或圆肾形。

在我国分布于东部、中部和南部各省区。为钙质土的指示植物。

观察地点：展览温室。

荷叶铁线蕨 Adiantum reniforme var. sinense（铁线蕨属）

成片生于覆有薄土的岩石上及石缝中。根状茎短而直立，密被鳞片和柔毛。叶簇生，单叶；柄深栗色；叶片圆形或圆肾形，叶片上面围绕着叶柄着生处，形成1—3个同心圆圈，叶片的边缘有圆钝齿牙。囊群盖圆形或近长方形，上缘平直，沿叶边分布。

仅分布于我国四川。观赏、药用。

观察地点：展览温室。

矮树蕨 Blechnum gibbum（树蕨属）

具明显主干，高可达2米以上。具二型叶，不育叶长达1米，叶柄具暗褐色鳞片，叶片长圆形，向下渐狭，中部宽15—30厘米；能育叶长5—10厘米，羽片席卷。孢子囊群几乎全部遮盖表面。

产于南太平洋诸岛，如新喀里多尼亚（法属）。

观察地点：展览温室。

荷叶铁线蕨

矮树蕨

白玉凤尾蕨 Pteris cretica（凤尾蕨属）

小型陆生蕨，株高20—50厘米。具有短小而匍匐的根状茎，一回奇数羽状复叶，丛生，长15—40厘米。每羽叶有小叶5—7片，叶片宽阔，中间有一纵向的白斑条，十分醒目。

在我国分布于华南及西南地区。

观察地点： 展览温室。

蜈蚣草 Pteris vittata（凤尾蕨属）

生于钙质土或石灰岩上，根状茎直立，短而粗，木质，密布蓬松的黄褐色鳞片。叶簇生；柄坚硬；叶片倒披针状长圆形，一回羽状，下部缩短的羽片不育，叶缘有微细而均匀的密锯齿。

广布于热带和亚热带地区。也常生于石隙或墙壁上。海拔2000米以下生存。

观察地点： 展览温室。

白玉凤尾蕨

蜈蚣草

乌毛蕨科 BLECHNACEAE

地生，有时为亚乔木状，有时附生。根状茎横走或直立，偶有横卧或斜升，被全缘、红棕色鳞片。叶一型或二型，有柄，叶片多为1—2回羽裂。叶脉分离或网状。孢子囊群为长的汇生囊群，或为椭圆形，着生于与主脉平行的小脉上或网眼外侧的小脉上；囊群盖与孢子囊群同形。孢子椭圆形，两侧对称。

本科约14属，约240种，主产于南半球热带地区。中国有8属，14种，分布于西南、华南、华中及华东。

珠芽狗脊 Woodwardia prolifera（狗脊属）

生于低海拔丘陵或坡地的疏林下阴湿地方或溪边，根状茎横卧，黑褐色。叶柄下部密被蓬松的大鳞片，叶片长卵形或椭圆形，先端渐尖，二回深羽裂。孢子囊群新月形粗短，着生于主脉两侧的狭长网眼上；囊群盖与孢子囊群同形。

在我国分布于东南部诸省区。喜酸性土，海拔100—1100米生存。

观察地点：展览温室。

铁角蕨科 ASPLENIACEAE

多为中型或小型的石生或附生草本植物，有时为攀援植物。根状茎横走、卧生或直立，被褐色或深棕色的披针形小鳞片，无毛，有网状中柱。叶有柄，基部不以关节着生；叶形变异极大，单一（披针形、心脏形或圆形）、深羽裂或经常为一至三回羽状细裂，偶为四回羽状。孢子囊群多为线形，沿小脉上侧着生。孢子椭圆形或肾形。

本科共2属，700余种，广布于世界各地，主产于热带地区。中国有2属，100余种，分布于全国各地，以南部和西南部为其分布中心。

巢蕨 *Neottopteris nidus*（巢蕨属）

根状茎直立，粗短，木质，深棕色，先端密被鳞片；鳞片蓬松，线形。叶簇生；基部密被线形棕色鳞片；叶片阔披针形，渐尖头或尖头，向下逐渐变狭。孢子囊群线形，生于小脉的上侧，叶片下部通常不育；囊群盖线形，浅棕色。

在我国分布于东南及西南各省区。

观察地点：展览温室。

球子蕨科 ONOCLEACEAE

地生。根状茎粗短，直立或横走，被膜质的卵状披针形至披针形鳞片。叶簇生或疏生，有柄，二型：不育叶绿色，椭圆披针形或卵状三角形，一回羽状至二回深羽裂；能育叶椭圆形至线形，一回羽状，羽片反卷成荚果状，深紫色至黑褐色。孢子囊群圆形，着生于囊托上。孢子两侧对称，表面上有小刺状纹饰。

本科共4属，约5种，分布于北半球温带地区。中国有3属，4种。

荚果蕨 Matteuccia struthiopteris（荚果蕨属）

生于山谷林下或河岸湿地。根状茎短而直立，木质，深褐色，与叶柄基部密被棕色鳞片。叶簇生，二型：不育叶叶片椭圆披针形至倒披针形，二回深羽裂；能育叶有粗壮的长柄，一回羽状，羽片呈念珠形，小脉先端形成囊托。

在我国分布于北部和中西部各省区。

观察地点：宿根花卉园、本草园。

桫椤科 CYATHEACEAE

陆生。乔木或灌木状，茎粗壮，直立，通常不分枝，被鳞片，网状中柱。叶大型，多数，簇生于茎干顶端；叶柄宿存或早落，被鳞片或有毛，叶痕图式通常有3列维管束。叶片通常为二至三回羽状，或四回羽状，被毛，或与鳞片混生。叶脉通常分离，单一或分叉。孢子囊群圆形，生于隆起的囊托上。

本科共5属，600余种。中国有2属，14种，主要分布于热带地区。

笔筒树 *Sphaeropteris lepifera*（白桫椤属）

成片生于林缘、路边或山坡向阳地段。茎干高6米多，胸径约15厘米。叶柄较长，密被鳞片，有疣突；主脉间隔约3—3.5毫米，侧脉10—12对。孢子囊群近主脉着生，无囊群盖。

在我国分布于台湾、广西、海南等地。

观察地点：展览温室（注：植物照片非实地场景）。

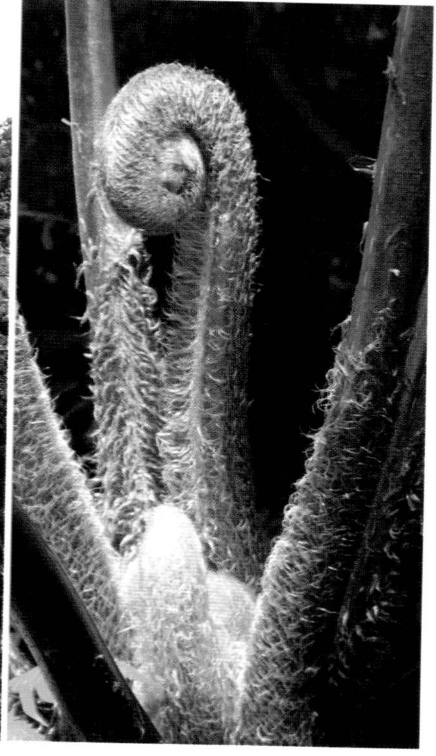

肾蕨科 NEPHROLEPIDACEAE

中型草本，土生或附生，少有攀援。根状茎长而横走，有腹背之分，生有小块茎，被鳞片。叶一形，簇生或远生，2列而叶柄有关节；叶片长而狭，一回羽状，羽片基部常具关节。孢子囊群表面生，圆形；囊群盖圆肾形或少为肾形。孢子两侧对称，椭圆形或肾形。

本科共1属，约20种，分布于热带地区。我国有5种。

肾蕨 Nephrolepis auriculata（肾蕨属）

根状茎直立，被淡棕色长钻形鳞片；匍匐茎上生有近球形的块茎，密被鳞片。叶簇生，柄暗褐色，密被淡棕色线形鳞片；叶片线状披针形或狭披针形，一回羽状。孢子囊群成1行位于主脉两侧，肾形；囊群盖肾形。

世界各地普遍栽培。观赏；块茎富含淀粉，可食，亦可药用。

观察地点：展览温室。

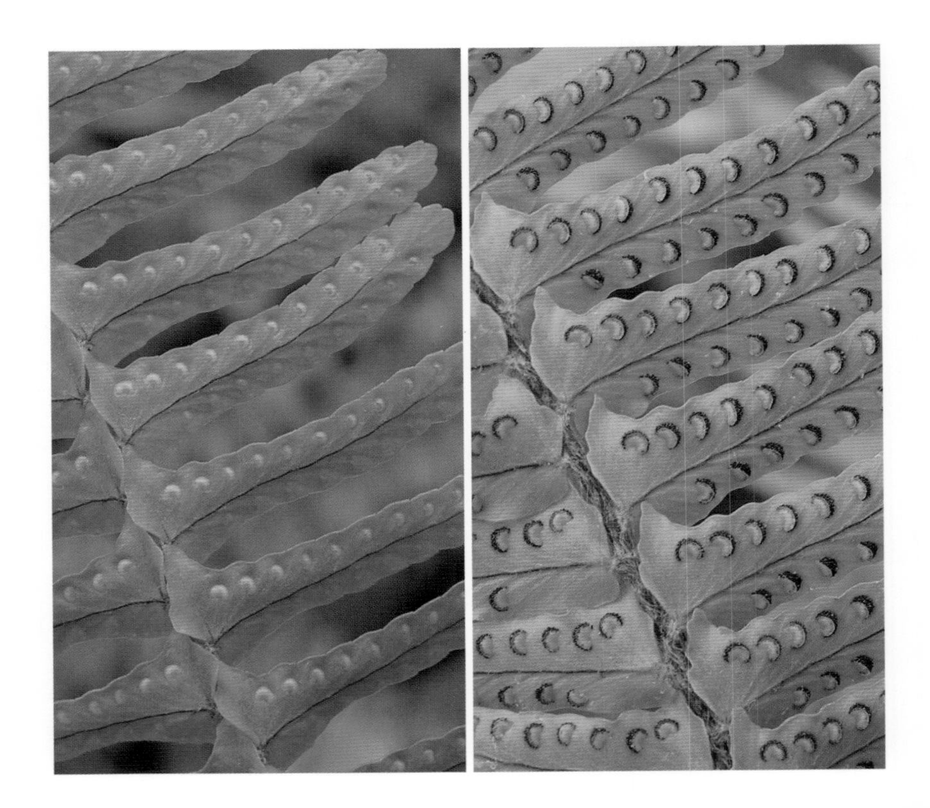

水龙骨科 POLYPODIACEAE

中型或小型蕨类，通常附生。根状茎长而横走，有网状中柱，通常有厚壁组织，被鳞片；鳞片盾状着生。叶一型或二型，以关节着生于根状茎上，单叶，全缘，或分裂，或羽状。孢子囊群形状多样，有时布满能育叶片下面一部或全部，无盖而有隔丝。

本科约有50余属，1200余种，广布于全世界，但主要产于热带和亚热带地区。中国有39属，近270种，主产于长江以南各省区。

光亮瘤蕨 Phymatosorus cuspidatus（瘤蕨属）

附生于林缘石灰岩石壁上。根状茎横走，疏被鳞片；鳞片边缘不整齐。叶远生；叶柄禾秆色，粗壮，无毛；叶片一回羽状，羽片顶端渐尖，基部具柄，边缘全缘。孢子囊群在羽片中脉两侧各1行。

在我国分布于西南各省区。

观察地点：展览温室。

二歧鹿角蕨 *Platycerium bifurcatum*（鹿角蕨属）

附生于树上或岩石上，成簇。基生不育叶无柄，直立或贴生；边缘全缘，浅裂直到四回分叉。正常能育叶，直立，伸展或下垂，楔形，二至五回叉裂。孢子囊群斑块1—10个，位于裂片先端，狭长。孢子黄色。

原产于澳大利亚东北部沿海地区，以及新几内亚岛、爪哇等地。

观察地点：展览温室。

光石韦 Pyrrosia calvata（石韦属）

附生于林下树干或岩石上。根状茎短粗，横卧，鳞片具长尾状渐尖头。叶近生，一型；叶柄木质，叶片狭长披针形，中部最宽。孢子囊群近圆形，聚生于叶片上半部，无盖。

在我国分布于秦岭地区、华中、华南及西南。海拔400—1750米生存。全草入药，有收敛利尿作用。

观察地点：展览温室。

槭叶石韦 Pyrrosia polydactyla（石韦属）

附生于低到中海拔的岩石上或树干上，也有土生。根状茎短促，横卧。叶远生，一型；叶柄基部覆盖有鳞片，向上疏被星状毛；叶片掌状深裂，基部楔形，裂片5—10片。孢子囊群小，近圆形，分布于主脉与叶缘之间。

仅分布于我国台湾地区。

观察地点：展览温室。

光石韦

槭叶石韦

裸子植物

苏铁科 CYCADACEAE

常绿木本植物。树干粗壮，圆柱形，稀在顶端呈二叉状分枝，或成块茎状。叶螺旋状排列，有鳞叶及营养叶；鳞叶小，营养叶大，深裂成羽状，稀叉状二回羽状深裂，集生于树干顶部或块状茎上。雌雄异株，雄球花单生于树干顶端，直立；大孢子叶扁平，上部羽状分裂或几乎不分裂，生于树干顶部羽状叶与鳞状叶之间。种子核果状，常有鲜亮色彩。

本科共1属，约60种。分布于热带及亚热带地区。我国有16种，产于台湾、华南及西南各地。

苏铁 Cycas revoluta（苏铁属）

高约2米，树干圆柱形，有叶柄残痕。羽状叶从茎的顶部生出，叶柄两侧有齿状刺；羽状裂片达100对以上。雄球花圆柱形，小孢子叶窄楔形，长3.5—6厘米，花药3个聚生；大孢子叶长14—22厘米，有淡黄色绒毛，边缘羽状分裂，胚珠2—6枚，生于大孢子叶柄两侧，有绒毛。种子红褐色或橘红色。

在我国分布于福建、台湾、广东等地。观赏；茎内含淀粉，可食；种子可入药。

观察地点：展览温室。

银杏科 GINKGOACEAE

落叶乔木，树干高大；枝分为长枝与短枝。叶扇形，有长柄。球花单性，雌雄异株，生于短枝顶部的鳞片状叶的腋内；雄球花具梗，葇荑花序状；雌球花类似于营养短枝，种鳞柄状，顶端常分2叉，叉顶生珠座。种子核果状，外种皮肉质；子叶常2枚。

本科仅1属，1种，系我国特产。

银杏 Ginkgo biloba（银杏属）

特征同科。

我国浙江天目山（另说重庆金佛山）有野生状态的树木，其他各地栽培很广。观赏，种子可供食用及药用。

观察地点：树木园西侧路边等多处。

南洋杉科 ARAUCARIACEAE

常绿乔木。叶螺旋状着生或交叉对生，基部下延生长。球花单性，雌雄异株或同株；雄球花圆柱形，具4—20个悬垂的丝状花药；雌球花单生枝顶，由多数螺旋状着生的苞鳞组成，鲍鳞基部具一倒生胚珠。球果2—3年成熟。种子与苞鳞离生或合生，扁平，无翅或具翅。

本科共2属，约40种，分布于南半球的热带及亚热带地区。我国引入2属，4种。

大叶南洋杉 Araucaria bidwillii（南洋杉属）

高大乔木；树皮灰褐色，薄条状脱落；树冠塔形。叶辐射伸展，卵状披针形或三角状卵形，厚革质，绿色，下面有多条气孔线，叶尖较尖。球果宽椭圆形或近圆球形，长约30厘米。种子长椭圆形。

原产于大洋洲沿海地区。观赏、用材。

观察地点：展览温室。花期6月，球果秋季成熟。

异叶南洋杉 Araucaria heterophylla（南洋杉属）

高大乔木；树皮暗灰色，薄片状脱落；侧枝常成羽状排列，下垂。叶二型：幼树及侧生小枝的叶排列较疏，钻形；大树及花果枝上的叶排列较密，宽卵形或三角状卵形。雄球花单生枝顶，圆柱形。球果长约10厘米。种子两侧具宽翅。

原产于大洋洲诺和克岛。观赏、用材。

观察地点：展览温室。

大叶南洋杉

异叶南洋杉

松科 PINACEAE

常绿或落叶乔木。仅有长枝，或兼有短枝。叶条形或针形；条形叶者在长枝上螺旋状散生，在短枝上簇生；针形叶常2—5针成一束，着生于极度退化的短枝顶端，基部有叶鞘。球花单性，雌雄同株；雄球花具多数螺旋状着生的雄蕊；雌球花由多数螺旋状着生的珠鳞与苞鳞组成，每珠鳞的腹面具两枚倒生胚珠，珠鳞发育成种鳞。球果直立或下垂。种子通常上端具一膜质翅；胚具2—16枚子叶。

本科共10属，约230余种。多产于北半球。我国有10属，100余种，分布遍于全国。

雪松 Cedrus deodara（雪松属）

高大乔木。叶针形，叶腹面两侧各有2—3条气孔线，背面4—6条。雄球花长卵圆形或椭圆状卵圆形，长2—3厘米；雌球花卵圆形，长约8厘米。球果成熟时红褐色，种鳞张开，种子近三角状，种翅宽大，较种子长。

分布于阿富汗至印度，海拔1300—3300米生存。我国广泛栽培。观赏、用材。

观察地点：牡丹园及月季园等处。早春开花，第二年10月球果成熟。

华北落叶松 Larix principis-rupprechtii（落叶松属）

高大乔木。枝平展，树冠圆锥形。叶窄条形，上面平，下面中脉隆起，每边有2—4条气孔线。雄球花黄色，径5—6毫米。球果长卵圆形或卵圆形，长2—4厘米。种子斜倒卵状椭圆形，长3—4毫米，种翅上部三角状。

我国特产，为华北地区高山针叶林带中的主要森林树种。造林、用材。

观察地点：珍稀濒危园。花期4—5月，球果10月成熟。

长叶云杉 Picea smithiana（云杉属）

高大乔木。树皮淡褐色，浅裂成圆形或近方形的裂片。叶辐射斜上伸展，条形，长3—5厘米，向内弯曲。球果圆柱形，下垂，长12—18厘米；种鳞质地厚，坚硬，宽倒卵形，先端微呈宽三角状钝尖。下垂种子长约5毫米，深褐色。

在我国分布于西藏南部，海拔2400—3200米生存。造林、用材。

观察地点：松柏园。

华北落叶松

长叶云杉

青扦 Picea wilsonii（云杉属）

高大乔木。树皮灰色或暗灰色，裂成不规则鳞状脱落。下垂叶排列较密，四棱状条形，长0.8—1.8厘米。球果卵状圆柱形或圆柱状长卵圆形，长5—8厘米；中部种鳞倒卵形，先端钝圆。种子倒卵圆形，长3—4毫米，连翅长1.2—1.5厘米。

我国特有树种，产于内蒙古、青海、华北及华中高海拔地区。造林、用材。

观察地点：松柏园、宿根花卉园、牡丹园等处。花期 4 月，球果 10 月成熟。

红皮云杉 Picea koraiensis（云杉属）

高大乔木，较耐荫。浅根性树种；树皮灰褐色或淡红褐色，裂成不规则薄条片脱落。叶条型，长1.2—2.2厘米，下面及两侧的叶从两侧向上弯伸。球果卵状圆柱形或长卵状圆柱形，长5—8厘米。种子灰黑褐色，倒卵圆形。

在我国分布于东北、内蒙古地区。观赏、造林、用材。

观察地点：松柏园等处。花期5—6月，球果9—10月成熟。

青扦

红皮云杉

华山松 Pinus armandii（松属）

高大乔木。幼树树皮灰绿色或淡灰色，平滑；枝条平展，圆锥形或柱状塔形树冠。针叶5针一束，长8—15厘米。雄球花多数集生于新枝下部成穗状。球果圆锥状长卵圆形，长10—20厘米。种子长1—1.5厘米，无翅或具棱。

在我国分布于华中地区及西南部。造林、用材，种子可食。

观察地点：松柏园、牡丹园、珍稀濒危园。花期4—5月，球果第二年9—10月成熟。

白皮松 Pinus bungeana（松属）

高大乔木。幼时树皮光滑，灰绿色，长大后树皮成不规则的薄块片脱落，露出淡黄绿色或粉白色的内皮。针叶3针一束，粗硬，长5—10厘米。雄球花长约1厘米。球果通常单生，长5—7厘米；种鳞顶端有刺。

我国特有树种，产于华中地区。海拔500—1800米生存。观赏、用材，种子可食。

观察地点：松柏园等多处。花期4—5月，球果第二年10—11月成熟。

华山松

白皮松

萌芽松 Pinus echinata（松属）

高大乔木。树皮淡栗褐色，纵裂成鳞状块片，树干上常有不定芽萌生出许多针叶。针叶2—3针一束，长5—12厘米，较细。球果圆锥状卵圆形，长4—6厘米；种鳞的鳞盾平或微肥厚，有极短刺。

原产于北美。我国江苏、浙江、福建有栽培。造林、观赏。

观察地点：松柏园。

油松 Pinus tabulaeformis（松属）

高大乔木。树皮灰褐色，裂成不规则鳞状块片，裂缝及上部树皮红褐色；枝平展或向下斜展。针叶2针一束，边缘有细锯齿；横切面半圆形。球果卵形或圆卵形，长4—9厘米，有短梗，向下弯垂。

为我国特有树种，东北、西北、华北、华中及四川地区都有分布。用材，树脂为化工原料，松针及花粉入药。

观察地点：蔷薇园北侧等多处。花期4—5月，球果第二年10月成熟。

萌芽松

油松

乔松 Pinus wallichiana（松属）

高大乔木。树皮暗灰褐色，裂成小块脱落；枝条广展，形成宽塔形树冠。针叶5针一束，细柔下垂，长10—20厘米，横切面三角形。球果圆柱形，下垂，长15—25厘米，种子椭圆状倒卵形，长7—8毫米。

在我国分布于西藏南部、云南西北部。造林、用材。

观察地点： 松柏园。花期4—5月，球果第二年秋季成熟。

樟子松（变种）Pinus sylvestris var. mongholica（松属）

高大乔木。树干下部灰褐色或黑褐色，成不规则的鳞状脱落；枝斜展或平展，幼树树冠尖塔形。针叶 2 针一束，硬直，常扭曲，长 4—9 厘米。雌球花有短梗，球果卵圆形或长卵圆形，长 3—6 厘米，淡紫褐色。种子黑褐色，长 4.5—5.5 毫米。

在我国分布于黑龙江省。造林、用材。

观察地点： 松柏园。花期5—6月，球果第二年9—10月成熟。

乔松

樟子松（变种）

杉科 TAXODIACEAE

常绿或落叶乔木。树干端直，大枝轮生或近轮生。叶螺旋状排列，散生，很少交叉对生。球花单性，雌雄同株，球花的雄蕊和珠鳞螺旋状着生；雄球花小，单生或排成花序状，雄蕊有3—4个花药；雌球花珠鳞与苞鳞半合生或完全合生。球果当年成熟，熟时张开，能育种鳞内有2—9粒种子。种子扁平或三棱形，有翅；胚有子叶2—9枚。

本科共10属，16种，主要分布于北温带。我国产5属，7种；引入栽培4属，7种。

水杉 Metasequoia glyptostroboides（水杉属）

高大乔木。树干基部常膨大；幼树树冠尖塔形，成树树皮成长条状脱落，老树树冠广圆形。叶条形，在侧生小枝上排成二列，羽状，冬季与小枝一同脱落。球果下垂，近四棱状球形或矩圆状球形，长1.8—2.5厘米。种子扁平。

我国特产，分布于四川、湖北、湖南等地区。绿化、观赏、用材。

观察地点：松柏园北侧及宿根花卉园。花期2月下旬，球果11月成熟。

柏科 CUPRESSACEAE

常绿乔木或灌木。叶交叉对生或3—4片轮生，稀螺旋状着生，鳞形或刺形，或兼有两型叶。球花单性，雌雄同株或异株；雄球花具3—8对交叉对生的雄蕊；雌球花有3—16枚交叉对生或3—4片轮生的珠鳞，苞鳞与珠鳞完全合生。球果圆球形、卵圆形或圆柱形；发育种鳞有一至多粒种子；种子周围具窄翅或无翅。

本科共22属，约150种，分布于除极地外的全球。我国产8属，29种，7变种，分布遍及全国。

圆柏 Sabina chinensis（圆柏属）

高大乔木。树皮深灰色，成条片开裂。幼树成尖塔形，刺叶生于幼树之上；老树则全为鳞叶。常雌雄异株，雄球花黄色。球果近圆球形，两年成熟，熟时暗褐色，被白粉或白粉脱落。种子卵圆形，扁，顶端钝，有棱脊。

在我国广泛分布。观赏、造林、用材、入药。

观察地点：树木园、松柏园等多处。水生与藤本园的四棵幼树呈典型的雌雄异株。花期6月，球果第二年8月成熟。

龙柏 Sabina chinensis ‘Kaizuca’（圆柏属）

树冠圆柱状或柱状塔形；枝条向上直展，常有扭转上升之势，小枝密、在枝端成几相等长的密簇；鳞叶排列紧密，幼嫩时淡黄绿色，后呈翠绿色。球果蓝色，微被白粉。

在我国分布于长江流域及华北地区。观赏。

观察地点：展览温室南侧围栏、本草园。我园另栽培有洒金柏 *Sabina chinensis* “Aurea”。树冠圆球至圆卵形，叶淡黄绿色，嫩梢常金黄色，供观赏。

北美香柏 Thuja occidentalis（崖柏属）

高大乔木。树皮红褐色或橘红色，稀呈灰褐色，纵裂成条状块片脱落，枝条开展，树冠塔形；当年生小枝扁，2—3年后逐渐变成圆柱形。叶鳞形，先端尖中央鳞叶尖头下方有明显腺点。球果长椭圆形，熟时淡红褐色，下垂，长8—13毫米；种鳞通常5对。种子扁，两侧具翅。

原产于北美。用材。

观察地点：松柏园。

龙柏

北美香柏

日本香柏 Thuja standishii（崖柏属）

高大乔木。树皮红褐色，裂成鳞状薄片脱落，大枝开展，枝端下垂。生鳞叶的小枝较厚，扁平；鳞叶先端钝尖或微钝，中央叶尖头下方无腺点。球果卵圆形，长10毫米，种鳞5—6对，仅中间2—3对发育生有种子。种子扁，两侧有窄翅。

原产于日本。观赏。

观察地点：松柏园。

侧柏 Platycladus orientalis（侧柏属）

高达20余米；树皮浅灰褐色，纵裂。叶鳞形，长1—3毫米。雄球花黄色，长约2毫米；雌球花近球形，径约2毫米，蓝绿色，被白粉。球果成熟后木质，开裂，红褐色；种子卵圆形或近椭圆形，长6—8毫米，稍有棱脊，无翅或有极窄之翅。

产于东北南部、华北、华东、华中至华南等省区。用材、药用、园林绿化，北京的市树之一。

观察地点：树木园、宿根花卉园等各区。花期3—4月，球果10月成熟。

日本香柏

侧柏

罗汉松科 PODOCARPACEAE

常绿乔木或灌木。叶多型：条形、披针形、椭圆形、钻形、鳞形，或退化，螺旋状散生。球花单性，雌雄异株，稀同株；雄球花穗状；雌球花具螺旋状着生的苞片。种子核果状或坚果状，全部或部分为假种皮所包。

本科共8属，约130余种。分布于热带、亚热带及南温带地区，在南半球分布最多。我国产2属，14种，3变种，分布于长江以南各省区。

短叶罗汉松 *Podocarpus macrophyllus* var. *maki*（罗汉松属）

小乔木或成灌木状。枝条向上斜展。叶短而密生，长2.5—7厘米，宽3—7毫米，先端钝或圆。

原产于日本。我国南方各省区有栽培。观赏，可做盆景。

观察地点：展览温室。

三尖杉科 CEPHALOTAXACEAE

常绿乔木或灌木。小枝对生或不对生，基部具宿存芽鳞。叶条形或披针状条形，稀披针形，交叉对生或近对生，在侧枝上基部扭转排列成两列，上面中脉隆起，下面有两条宽气孔带。球花单性，雌雄异株，稀同株；雄球花聚生成头状花序；雌球花具长梗。种子核果状，包于由珠托发育成的肉质假种皮中，顶端具突起的小尖头。

本科共1属，9种。我国产7种，3变种，分布于秦岭至山东鲁山以南各地区及台湾地区；另有1引种栽培变种。

粗榧 Cephalotaxus sinensis（三尖杉属）

灌木或小乔木，少为大乔木。树皮裂成薄片状脱落。叶条形，排成两列，几乎无柄，中脉明显，下面有2条白色气孔带。卵圆形的雄球花聚生成头状。种子通常2—5个着生于轴上，卵圆形、椭圆状卵形或近球形，顶端中央有一小尖头。

我国特有树种，分布于华中、华南及西南各省区。观赏、用材、入药。

观察地点：栎园、本草园、紫薇园。

红豆杉科 TAXACEAE

常绿乔木或灌木。叶条形或披针形，螺旋状排列或交叉对生，下面沿中脉两侧各有1条气孔带。球花单性，雌雄异株，稀同株；雄球花成穗状集生于枝顶；雌球花单生或成对生于叶腋或苞片腋部，胚珠1枚，直立，生于花轴顶端。种子核果状或坚果状，为假种皮所包。

我国有4属，12种，1变种及1栽培种。

穗花杉 *Amentotaxus argotaenia*（穗花杉属）

灌木或小乔木。树皮灰褐色或淡红褐色，裂成片状脱落。叶基部扭转排成两列，条状披针形。雄球花穗1—3（多为2)穗，长5—6.5厘米，雄蕊有2—5（多为3）个花药。种子椭圆形，成熟时假种皮鲜红色，顶端有小尖头露出。

为我国特有树种。用作庭园树，木材材质细密。

观察地点：展览温室。花期4月，种子10月成熟。

红豆杉 Taxus chinensis（红豆杉属）

高大乔木。树皮裂成条片脱落，大枝开展。叶排成两列，条形，微弯或较直，有两条气孔带。雄球花淡黄色，雄蕊8—14枚，花药4—8。种子生于杯状红色肉质的假种皮中，或生于近膜质盘状的种托之上，先端有突起的短钝尖头。

我国特有树种，产于甘肃、陕西，以及华中和西南各省区。材质细腻，坚实耐用。

观察地点：展览温室、松柏园。我园还栽培有欧洲红豆杉 *Taxus baccata* L. 和东北红豆杉的栽培品种——矮紫杉 *Taxus cuspidata* ‘Nana’。前者为丛生小灌木，分枝密集；后者为较高大树种，丛生时枝条挺拔，分枝稀疏。

麻黄科 EPHEDRACEAE

灌木、亚灌木或草本状灌木，稀为缠绕灌木。茎直立或匍匐，分枝多，绿色，圆筒形，具节，节间有多条细纵槽纹。叶退化成膜质，在节上交叉对生或轮生，2—3片合生成鞘状，通常黄褐色或淡黄白色。多雌雄异株，球花卵圆形或椭圆形；雄球花单生或数个丛生；雌球花顶端1—3片苞片生有雌花；雌球花的苞片随胚珠生长发育而增厚成肉质、红色或橘红色。种子1—3粒，胚乳丰富，肉质或粉质。

本科仅1属，约40种，分布于亚洲、美洲、欧洲东南部及非洲北部等干旱、荒漠地区。我国12种，4变种，除长江下游及珠江流域各省区外，其他各地皆有分布。

木贼麻黄 Ephedra equisetina（麻黄属）

直立小灌木。生于干旱地区的山脊、山顶及岩壁等处。小枝细，节间短，常被白粉。叶2裂，褐色，大部合生，上部约1/4分离。雄球花单生或3—4个集生于节上；雌球花常2个对生于节上，苞片3对。种子通常1粒，窄长卵圆形，长约7毫米。

在我国分布于华北和西北地区。为重要的药用植物。

观察地点：松柏园。栽培偶见花果，花期6—7月，种子8—9月成熟，自引种以来，六十余年仅见3次球果。

被子植物

木麻黄科 CASUARINACEAE

乔木或灌木；小枝轮生或假轮生，具节，纤细，形似木贼。叶退化为鳞片状（鞘齿），4至多枚轮生成环状，与小枝完全合生。花单性，雌雄同株或异株；雄花序纤细，圆柱形；雌花序为头状花序，顶生于侧枝上。雄花：花被片1或2，早落；雄蕊1枚，花药2室，纵裂。雌花：生于苞片腋间，无花被；2心皮合生，子房上位，胚珠2颗。小坚果扁平，初时包藏在闭合的小苞片内，成熟时小坚果露出。

本科共4属，97种，主产于大洋洲。中国引种1属，3种。

木麻黄 Casuarina equisetifolia（木麻黄属）

乔木，高可达30米；枝红褐色，有密集的节；最末次分出的小枝灰绿色，纤细，常柔软下垂。鳞片状叶每轮通常7枚，紧贴。花雌雄同株或异株；雄花序棒状圆柱形，长1—4厘米；花被片2。球果状果序椭圆形，长1.5—2.5厘米，直径1.2—1.5厘米；小坚果连翅长4—7毫米，宽2—3毫米。

原产于澳大利亚和太平洋岛屿，现于热带美洲和亚洲东南部广泛栽植。

观察地点： 展览温室。花期4—5月，果期7—10月。

胡桃科 JUGLANDACEAE

落叶或半常绿乔木或小乔木。叶互生（稀对生），奇数或稀偶数羽状复叶；羽状脉，边缘具锯齿。花单性，雌雄同株，花序单性（稀两性）。雄花序常为葇荑花序。雌花序穗状顶生，直立或成葇荑花序。雌花花被片2—4，子房下位。坚果核果状或具翅；内果皮坚硬，骨质。种子完全填满果室。

本科共9属，约60种，主要分布在北半球热带到温带。我国产7属，20种，主产于长江以南。

美国山核桃 *Carya illinoensis*（山核桃属）

高大乔木。树皮粗糙，深纵裂。奇数羽状复叶，小叶具极短柄，卵状披针形至长椭圆状披针形，边缘具单锯齿或重锯齿。雄性葇荑花序3条1束；雌性穗状花序直立，具3—10雌花。果实矩圆状或长椭圆形，有4条纵棱，外果皮4瓣裂。

原产于北美。果仁可食。

观察地点：松柏园。5月开花，9—11月果成熟。

黑胡桃 Juglans nigra（胡桃属）

高大乔木。树皮褐色纵裂。树冠球形。复叶长20—60厘米，叶柄长6.5—14厘米。小叶15—19，叶片卵状长圆形，长6—12厘米，边缘有不规则锯齿。叶上面幼时有毛，成熟时无毛，下面有柔毛。果卵状球形，径4—5厘米，有柔毛；果核具很粗糙不规则的深脊。

原产于美国。用材，果可食用。

观察地点：本草园、桑榆园。4—5月开花，果期8—10月。

胡桃 Juglans regia（胡桃属）

乔木。树皮老时灰白色、纵向浅裂。奇数羽状复叶，小叶5—9，椭圆状卵形，基部歪斜，全缘。雄花葇荑花序。雌花穗状花序通常具1—3雌花；柱头浅绿色。果实近球状，直径4—6厘米；果核稍具皱曲，有2条纵棱，具短尖头。

我国南北各省广泛栽培。种仁食用，木材是很好的硬木材料。

观察地点：野生果树园、蔷薇园、本草园。花期5月，果期10月。

与黑胡桃的主要区别：本种小叶数较少，5—9枚，且小叶全缘。

黑胡桃

胡桃

青钱柳 *Cyclocarya paliurus*（青钱柳属）

乔木。树皮灰色，枝条黑褐色。奇数羽状复叶，小叶纸质，长椭圆状卵形，基部歪斜，顶端钝或急尖；叶缘具锐锯齿。雄性葇荑花序。雌性葇荑花序单独顶生，在其下端常有1被锈褐色毛的鳞片。果实扁球形，中部有革质圆盘状翅，顶端具4枚宿存花被片及花柱。

产于我国华中、华南、西南地区及台湾地区。用材。

观察地点：桑榆园。花期4—5月，果期7—9月。

枫杨 *Pterocarya stenoptera*（枫杨属）

高大乔木。树皮老时深纵裂。偶数或稀奇数羽状复叶，叶轴具翅，小叶无柄，对生或稀近对生，长椭圆形，边缘有细锯齿。雄花葇荑花序。雄花常具1枚发育的花被片。雌花葇荑花序顶生。果序长20—45厘米，果实长椭圆形，果翅狭。

产于我国华中、华东、华南和西南地区。果实可作饲料和酿酒，种子可榨油。

观察地点：桑榆园。花期4—5月，果熟期8—9月。

青钱柳

枫杨

杨柳科 SALICACEAE

落叶乔木或灌木。芽由1至多数鳞片所包被。单叶互生，稀对生，不分裂或浅裂，全缘、锯齿缘或齿牙缘。花单性，雌雄异株；葇荑花序，先于叶开放或与叶同开放；雄蕊2至多数；雌花子房无柄或有柄，雌蕊由2—4心皮组成，子房1室，侧膜胎座，胚珠多数，柱头2—4裂。蒴果2—4瓣裂。种子基部有白色丝状长毛。

本科共3属，约620多种，分布于寒温带、温带和亚热带。我国3属均有，约320余种。

加杨 Populus xcanadensis（杨属）

高大乔木。树皮粗厚，深沟裂。叶三角形或三角状卵形，先端渐尖，基部截形，有圆锯齿；叶柄侧扁而长，带红色。雄花序长7—15厘米，花序轴光滑；苞片淡绿褐色，丝状深裂，花丝白色；雌花序有花45—50，柱头4裂。雄株多，雌株少。果序长达27厘米；蒴果卵圆形，长约8毫米，先端锐尖，2—3瓣裂。

原产于北美，由棉白杨*P. deltoides*和黑杨*P. nigra*杂交。绿化、速生用材。

观察地点：紫薇园、蔷薇园。花期4月，果期5—6月。

毛白杨 Populus tomentosa（杨属）

高大乔木。树皮纵裂，具明显菱形皮孔。长枝叶阔卵形，边缘具深齿，上面暗绿色，下面密生毡毛；短枝叶卵形。雄花序长10—14厘米，密生长毛，花药红色；雌花序长4—7厘米，边缘有长毛。蒴果圆锥形或长卵形，2瓣裂。

在我国以黄河流域中下游为中心分布区。速生用材。

观察地点：古植物馆东侧。花期3月，果期5月。

与加杨、青杨的主要区别：毛白杨叶背具白色绒毛；加杨叶为三角形；青杨叶卵形或卵状长圆形。

旱柳 Salix matsudana（柳属）

高大乔木。枝细长，直立或斜展。叶披针形，长5—10厘米，上面绿色无毛，下面苍白色，有细腺锯齿缘；叶柄短。花序与叶同放；雄花序圆柱形，长1.5—2.5（—3）厘米；苞片卵形，黄绿色，先端钝；雌花序，长2厘米。

在我国分布于北方、淮河流域以及浙江、江苏等地区。造林、用材。

观察地点：本草园。花期4月，果期4—5月。

绦柳（变型）Salix matsudana f. pendula（杨柳科，柳属）

乔木。枝细长而下垂，黄色，无毛。叶披针形，长5—10厘米，先端长渐尖，基部窄圆形或楔形，上面绿色、无毛，下面苍白色或带白色、有细腺锯齿缘，幼叶有丝状柔毛。花序与叶同时开放。

在我国分布于东北、华北、西北、上海等地区。绿化。

观察地点：科研办公区。花期4月，果期4—5月。

旱柳

绦柳（变型）

桦木科 BETULACEAE

落叶乔木或灌木。单叶互生，叶缘具重锯齿或单齿，较少浅裂或全缘，羽状脉，侧脉直达叶缘或在近叶缘处向上弓曲相互网结成闭锁式。花单性，雌雄同株，雄花具苞鳞，雄蕊插生在苞鳞内；雌花序球果状、穗状、总状或头状，具多数苞鳞，每苞鳞内有雌花2—3朵。果苞由苞片和小苞片连合而成。坚果。

本科共6属，近200种，主要分布于北温带。我国有6属，89种。

鹅耳枥 Carpinus turczaninowii（鹅耳枥属）

乔木。树皮浅纵裂；枝细瘦，灰棕色，无毛；小枝被短柔毛。叶卵形、卵状椭圆形或卵菱形，顶端锐尖或渐尖，基部近圆形或宽楔形，有时微心形或楔形，边缘重锯齿。果序序梗、序轴均被短柔毛；果苞变异较大。小坚果宽卵形。

在我国分布于辽宁南部、华北、华东、西北地区。用材，种子可榨油。

观察地点：栎园。花期5月，果期9月。

白桦 Betula platyphylla（桦木属）

高大乔木。树皮灰白色，成层剥裂；枝条暗灰色或暗褐色。叶常三角状卵形、三角状菱形、三角形，边缘通常具重锯齿。果序单生，圆柱形或矩圆状圆柱形，通常下垂，果苞基部楔形或宽楔形。小坚果狭矩圆形、矩圆形或卵形。

在我国分布于北方和西南。供庭园观赏，用材。

观察地点：试验苗圃。花期4—5月，果期6—9月。

榛 Corylus heterophylla（榛属）

灌木或小乔木。小枝密被短柔毛兼被疏生长柔毛。叶为矩圆形或宽倒卵形，顶端凹缺或截形，中央具三角状突尖，基部心形，边缘具重锯齿，中部以上具浅裂。雄花序单生。果单生或2—6枚簇生成头状。坚果近球形。

在我国分布于北方地区。种子可食，并可榨油。

观察地点：蔷薇园、环保植物园。花期4—5月，果熟期9—10月。

白桦

榛

壳斗科 FAGACEAE

常绿或落叶乔木，稀灌木。单叶，多互生，全缘或齿裂或羽状裂。花单性，雌雄同株，稀异株；花被一轮，4—6片；雄花有雄蕊4—12；雌花1—3—5朵聚生于一壳斗内。雄花序下垂或直立，二歧聚伞花序或穗状；雌花序直立，花单生或数朵聚生成穗状。由总苞发育成壳斗，包着坚果底部或全部，每壳斗有坚果1—3(—5)个，坚果有棱角或浑圆。

本科共7—10属，约900余种。除热带非洲和南非地区不产外，几乎全世界分布，亚洲的种类最多。我国有7属，约300种。

栗 Castanea mollissima（栗属）

高大乔木。小枝灰褐色。叶椭圆至长圆形，边缘有刺芒状齿。雌雄同株。雄花序长10—20厘米，花序轴被毛；花3—5朵聚生成簇，雌花1—3(—5)朵发育结实。成熟壳斗直径5—11厘米，外壁着生锐刺内有1—7个坚果。

我国广泛栽培。栗木属优质木材；果实可食用，叶可作蚕饲料。

观察地点：蔷薇园、环保植物园、栎园。花期5—6月，果期8—10月。

麻栎 Quercus acutissima（栎属）

高大乔木。幼枝被灰黄色柔毛，后渐脱落；老时灰黄色，具淡黄色皮孔。叶片形态多样，通常为长椭圆状披针形，叶缘有刺芒状锯齿。壳斗杯形，小苞片钻形或扁条形，向外反曲，被灰白色绒毛。坚果卵形或椭圆形，直径1.5—2厘米。

除黑龙江、吉林、西北和青藏高原外，其他各省区均产。用材，叶可饲柞蚕。

观察地点：栎园。花期3—4月，果期第二年9—10月。

槲树 Quercus dentata（栎属）

高大乔木。小枝密被灰黄色星状绒毛。叶片倒卵形，叶缘波状裂片或粗锯齿。壳斗杯形，包着坚果1/3—1/2，直径2—5厘米，高0.2—2厘米；小苞片革质，窄披针形，长约1厘米。坚果卵形至宽卵形，直径1.2—1.5厘米，无毛。

在我国分布于北部、西南及台湾地区。用材，叶可饲柞蚕，种子含淀粉。

观察地点：树木园。花期4—5月，果期9—10月。

麻栎

槲树

蒙古栎 Quercus mongolica（栎属）

高大乔木。小枝紫褐色，有棱，无毛。叶片倒卵形，叶缘具钝齿或粗齿。雄花序长5—7厘米；雌花序长约1厘米。壳斗杯形，小苞片三角状卵形，呈半球形瘤状突起，密被灰白色短绒毛。坚果直径1.3—1.8厘米。

产于东北、内蒙古、河北、山东等省区。用材，叶可饲柞蚕，种子含淀粉，树皮入药。

观察地点：栎园。花期4—5月，果期9月。

栓皮栎 Quercus variabilis（栎属）

高大乔木。树皮木栓层发达。叶片卵状披针形或长椭圆形，叶脊灰白色，叶缘具刺芒状锯齿。壳斗杯形，包着坚果2/3，小苞片钻形，反曲，被短毛。坚果近球形或宽卵形，高、径约1.5厘米，顶端圆，果脐突起。

分布于我国大部分地区。树皮木栓层是我国生产软木的主要原料。

观察地点：栎园。花期3—4月，果期第二年9—10月。

蒙古栎

栓皮栎

榆科 ULMACEAE

乔木或灌木。顶芽通常萎蔫。单叶，常绿或落叶，互生，稀对生，常二列，有锯齿或全缘，羽状脉或基部3出脉，稀基部5出脉或掌状3出脉。单被花两性，稀单性或杂性，雌雄异株或同株，聚伞花序或簇生状，或单生；花被浅裂或深裂，花被裂片常4—8，覆瓦状排列；2心皮，柱头2，子房上位。翅果、核果、小坚果或有时具翅或具附属物。

本科共16属，约230种，广布于全世界热带至温带地区。我国产8属，46种，10变种，分布遍及全国。另引入栽培3种。

榆树 Ulmus pumila（榆属）

乔木。幼树树皮平滑，大树树皮深纵裂；有散生皮孔。叶长卵形、椭圆状披针形，先端渐尖，基部偏斜，叶面平滑无毛，边缘具重锯齿或单锯齿。花先叶开放，在去年生枝的叶腋成簇生状。翅果近圆形，稀倒卵状圆形。

分布于北部及西南各省区。用材及造纸原料，幼嫩翅果可食。

观察地点：园区广泛分布。花果期3—6月。

青檀 Pteroceltis tatarinowii（青檀属）

高大乔木。树皮灰色或深灰色，不规则的长片状剥落，皮孔明显，椭圆形或近圆形。叶纸质，宽卵形至长卵形，先端渐尖至尾状渐尖，基部不对称，边缘有不整齐的锯齿，基部3出脉，脉腋有簇毛。翅果状坚果近圆形或近四方形。

产于辽宁省及华北、西北、华东、华中、华南、西南地区。观赏、用材，种子可榨油，树皮纤维为制宣纸的主要原料。

观察地点：栎园、珍稀濒危园。花期3—5月，果期8—10月。

大果榆 Ulmus macrocarpa（榆属）

乔木或灌木。树皮纵裂，小枝有时具木栓翅。叶倒卵形，大小变异很大，先端短尾状，两面粗糙，叶面密生硬毛或有凸起的毛迹，边缘具大而浅钝的重锯齿。簇状聚伞花序或花散生于新枝的基部。翅果宽倒卵状圆形或宽椭圆形。

分布于东北、华北、西北及华中北部地区。用材，种子可入药。

观察地点：桑榆园、环保植物园。花果期4—5月。

裂叶榆 Ulmus laciniata（榆属）

乔木。树皮浅纵裂。叶倒卵形、倒三角状，先端通常3—7裂，裂片三角形，渐尖或尾状，不裂之叶先端具尾状尖头，基部偏斜，叶柄极短，边缘具较深的重锯齿，叶面密生硬毛，粗糙。簇状聚伞花序。翅果椭圆形或长圆状椭圆形。

分布于东北、华北、西北等地区。用材。

观察地点：环保植物园。花果期4—5月。

大果榆

裂叶榆

脱皮榆 Ulmus lamellosa（榆属）

小乔木，树皮不规则薄片脱落。叶倒卵形，先端尾尖或骤凸，基部楔形或圆，稍偏斜，叶面粗糙，密生硬毛或有毛迹，边缘兼有单锯齿与重锯齿。花春季与叶同时开放。宿存花被钟状。翅果圆形至近圆形，两面及边缘有密毛。

分布于河北、山西等地区。用材。

观察地点：蔷薇园。花期3—4月，果期5月。

榔榆 Ulmus parvifolia（榆属）

高大乔木。树皮裂成不规则鳞状薄片剥落。叶质地厚，披针状卵形或窄椭圆形，基部偏斜，叶面有光泽，叶缘单锯齿，稀重锯齿。花秋季开放，聚伞花序，花被上部杯状，下部管状，花被片4，深裂至杯状花被基部。翅果椭圆形或卵状椭圆形，两侧的翅较果核部分为窄，果核部分位于翅果的中上部。

分布于华北、华东、华中、华南、西南地区。用材，根皮入药。

观察地点：桑榆区、环保植物园。花期9月，果期10—11月。

脱皮榆

榔榆

刺榆 Hemiptelea davidii（刺榆属）

小乔木。树皮不规则条状深裂，小枝具粗而硬的棘刺。叶椭圆形或椭圆状矩圆形，边缘有整齐的粗锯齿，侧脉排列整齐，斜直出至齿尖。小坚果黄绿色，斜卵圆形，两侧扁，在背侧具窄翅，形似鸡头。

产于内蒙古及东北、华北、西北、华中、华南地区。可作固沙树种，木材可供制农具及器具用，可作绿篱，种子可榨油。

观察地点： 桑榆园。花期4—5月，果期9—10月。

大叶榉树 Zelkova schneideriana（榉属）

高大乔木。树皮灰褐色至深灰色，呈不规则的片状剥落。叶厚纸质，大小形状变异很大，叶面被糙毛，叶背密被柔毛，边缘具圆锯齿，侧脉8—15对。雄花1—3朵簇生于叶腋，雌花或两性花常单生于小枝上部叶腋。核果。

产于西北南部、华中、华南及西南地区。用材、纤维、观赏。

观察地点： 珍稀濒危园。花期4月，果期9—11月。

刺榆

大叶榉树

杜仲科 EUCOMMIACEAE

落叶乔木。单叶互生，羽状脉，边缘有锯齿。花雌雄异株，无花被，先叶开放，或与新叶同时从鳞芽长出。雄花簇生，有短柄，具小苞片；雄蕊5—10个，线形。雌花单生于小枝下部，有苞片，子房1室，由合生心皮组成，有子房柄，扁平，顶端2裂。翅果扁平，长椭圆形，先端2裂，果梗极短。种子1个。

本科仅1属，1种，中国特有，分布于华中、华西、西南及西北各地区，现广泛栽培。

杜仲 Eucommia ulmoides（杜仲属）

特征同科。

树皮药用，树皮分泌的硬橡胶供工业用，木材供建筑及制家具。

观察地点： 本草园、珍稀濒危园、蔷薇园。早春开花，秋后果实成熟。

桑科 MORACEAE

乔木或灌木、藤本，稀草本，通常具乳液。叶互生（稀对生），全缘或具锯齿，叶脉掌状或羽状。花单性，雌雄同株或异株，无花瓣；花序腋生，典型成对，总状，圆锥状，头状，穗状或壶状，稀聚伞状，花序托有时肉质，为隐头花序或头状或圆柱状。雄花被片常2—4枚，覆瓦状或镊合状排列。雌花被片4；子房1，稀2室。瘦果或核果状，或聚花果或隐花果。

本科约53属，1400种。多产于热带、亚热带。在我国约产12属，153种和亚种，变种及变型59个。

构树 Broussonetia papyrifera（构属）

乔木。树皮暗灰色，小枝密生柔毛。叶广卵形至长椭圆状卵形，先端渐尖，基部心形，两侧常不相等，边缘具粗锯齿，不分裂或3—5裂，基生叶脉三出。雌雄异株；雄花序为柔荑花序；雌花序球形头状。聚花果，成熟时橙红色，肉质。

产于我国南北各地。韧皮纤维可作造纸材料，果实及根、皮可供药用，叶可作饲料。

观察地点：园区广泛分布。花期4—5月，果期6—7月。

柘(zhě) Cudrania tricuspidata（柘属）

灌木或小乔木。小枝无毛，有棘刺。叶卵形或菱状卵形，偶为三裂，先端渐尖，基部楔形至圆形，表面深绿色，背面绿白色。雌雄异株，雌雄花序均为球形头状花序，单生或成对腋生。聚花果近球形，肉质，成熟时橘红色。

产于华北、华东、中南、西南各地区。绿篱、用材，根皮药用，嫩叶可以养幼蚕，果可生食或酿酒。

观察地点：桑榆园。花期5—6月，果期6—7月。

垂叶榕 Ficus benjamina（榕属）

高大乔木。树皮灰色，小枝下垂。叶薄革质，卵形至卵状椭圆形，先端短渐尖，基部圆形或楔形，全缘，两面光滑无毛。雄花、瘿花、雌花同生于一榕果内；雄花被片4，宽卵形，雄蕊1枚；瘿花被片4—5，狭匙形，子房卵圆形；雌花被片短匙形。榕果成对或单生叶腋，球形或扁球形，光滑，成熟时红色至黄色。

分布于华南和西南地区。观赏。

观察地点：展览温室。花期8—11月。

柘

垂叶榕

榕树 Ficus microcarpa（榕属）

高大乔木；树皮深灰色，老树常有锈褐色气根。叶狭椭圆形，先端钝尖，基部楔形，全缘，基生叶脉延长。雄花、雌花、瘿花同生于一榕果内，花间有少许短刚毛；雄花散生内壁，花丝与花药等长；雌花与瘿花相似，花被片3，广卵形。榕果成熟时黄或微红色，扁球形。瘦果卵圆形。

产于华南、西南及台湾地区。观赏。

观察地点：展览温室。花期5—6月。

菩提树 Ficus religiosa（榕属）

高大乔木。树皮灰色，平滑或微具纵纹。叶革质，三角状卵形，先端骤尖，顶部延伸为尾状，基部宽截形至浅心形，全缘或为波状，基生叶脉三出。雄花、瘿花和雌花生于同一榕果内壁；雄花少，无柄，花被2—3裂，雄蕊1枚；瘿花具柄，花被3—4裂；雌花无柄，花被片4。榕果球形至扁球形，成熟时红色。

分布于华南及西南地区。观赏、用材。

观察地点：展览温室。花期3— 4月，果期5—6月。本种于1953年引自印度。

榕树
菩提树

啤酒花 Humulus lupulus（葎草属）

多年生攀援草本，茎、枝和叶柄密生绒毛和倒钩刺。叶卵形或宽卵形，先端急尖，基部心形或近圆形，边缘具粗锯齿。雄花排列为圆锥花序，花被片与雄蕊均为5；雌花每两朵生于一苞片腋间；苞片呈覆瓦状排列为一短穗状花序。果穗球果状，瘦果扁平，每苞腋1—2个。

新疆、四川北部有分布。果穗供制啤酒用，雌花药用。

观察地点：本草园。花果期秋季。

葎草 Humulus scandens（葎草属）

缠绕草本。茎、枝、叶柄均具倒钩刺。叶纸质，掌状5—7深裂，稀为3 裂，表面粗糙，边缘具锯齿。雄花小，黄绿色，圆锥花序；雌花序球果状，苞片纸质，三角形，顶端渐尖；子房为苞片包围，柱头2，伸出苞片外。瘦果。

我国除新疆、青海外，南北各省区均有分布。药用，果穗可代啤酒花用。

观察地点：园区内广泛分布。花期春夏，果期秋季。

啤酒花

葎草

橙桑（面包刺）Maclura pomifera（橙桑属）

乔木。树皮黄褐色，具深沟槽；枝绿色，枝具刺。叶厚纸质，卵形或卵状椭圆形，全缘，先端渐尖，基部宽楔形至圆形。雄花多数，组成圆锥花序；雌花序扁球形头状，雌花花被片4，苞片附着于花被片。聚花果肉质，近球形，顶部微压扁，表面成块状，成熟时黄色，有香味；核果卵圆形，先端尖。

原产于美洲。用材，适宜作绿篱。

观察地点： 树木园。花期4—5月，果期6—8月。

桑 Morus alba（桑属）

乔木或为灌木。树皮厚，灰色，具不规则浅纵裂。叶基部圆形至浅心形，边缘锯齿粗钝，有时叶为各种分裂。花单性，腋生或生于芽鳞腋内，与叶同时生出；雄花序下垂，密被白色柔毛，雄花被片宽椭圆形，淡绿色。雌花序被毛，花被片倒卵形，顶端圆钝，外面和边缘被毛。聚花果卵状椭圆形，成熟时红色或暗紫色。

产于我国中部和北部。用材、药用，叶为养蚕的主要饲料，桑椹可以酿酒。

观察地点： 桑榆园。花期4—5月，果期5—8月。

橙桑（面包刺）

桑

山龙眼科 PROTEACEAE

乔木或灌木，稀为多年生草本。叶常互生，稀对生或轮生；无托叶。花常两性，排成总状、穗状或头状花序；苞片偶组成球果状；花被片4枚，花被管开花时分离或一侧开裂；雄蕊4枚，着生花被片上；心皮1枚，子房上位，1室。蓇葖果、坚果、核果或蒴果。种子1—2颗或多颗。

本科约60属，1300种；主产于南半球，亚洲也有分布。我国有4属，24种，2变种，分布于西南部、南部和东南部各省区。

银桦 Grevillea robusta（银桦属）

乔木，高10—25米；树皮暗灰色或暗褐色，具浅皱纵裂；嫩枝被锈色绒毛。叶长15—30厘米，二次羽状深裂，裂片7—15对，被褐色绒毛和银灰色绢状毛。总状花序，花橙色或黄褐色。果卵状椭圆形，稍偏斜。

原产于澳大利亚东部，我国华南、西南地区及台湾地区栽培作行道树或风景树。

观察地点：展览温室。

荨(qián)麻科 URTICACEAE

草本、亚灌木或灌木，稀乔木或攀援藤本。茎常富含纤维。叶互生或对生，单叶。花单性，稀两性；雌雄同株或异株，由团伞花序排成聚伞状、圆锥状、总状、伞房状、穗状、串珠式穗状、头状。雄花被片4—5，有时3或2，覆瓦状排列或镊合状排列；雄蕊与花被片同数。雌花被片5—9，单心皮，子房1室。果实为瘦果，有时为肉质核果状。

本科共47属，约1300种，全球广布。我国有25属，352种，主产于长江流域以南。

花叶冷水花 Pilea cadierei（冷水花属）

多年生草本或半灌木，无毛，具匍匐根茎，茎肉质，下部多少木质化。叶多汁，倒卵形，先端骤凸，基部楔形或钝圆，边缘浅牙齿或啮蚀状，上面深绿色，中央有2条间断的白斑，下面淡绿色。雌雄异株；雄花序头状，常成对生于叶腋。雄花倒梨形，花被片4，合生至中部，近兜状；雄蕊4。雌花花被片4。

原产于越南中部山区。观赏。

观察地点： 展览温室。花期9—11月。

镜面草 *Pilea peperomioides*（冷水花属）

多年生肉质草本，丛生。无毛，具根状茎，茎直立不分枝。叶聚生茎顶端。叶片肉质，近圆形或圆卵形，盾状着生于叶柄。雌雄异株；花序单生于顶端叶腋，聚伞圆锥状。瘦果表面有紫红色细疣状突起。

产于云南与四川西南部。重要观叶花卉。

观察地点： 展览温室。花期4—7月，果期7—9月。

狭叶荨麻 *Urtica angustifolia*（荨麻属）

多年生草本，有木质化根状茎，四棱形，疏生刺毛和稀疏的细糙毛。叶披针形至披针状条形，边缘有粗牙齿或锯齿，基出脉3条。雌雄异株，花序圆锥状。瘦果卵形或宽卵形，双凸透镜状。

产于华北及东北。茎皮纤维可作纺织原料，幼嫩茎叶可食，全草入药。

观察地点： 本草园。花期6—8月，果期8—9月。

镜面草
狭叶荨麻

蓼科 POLYGONACEAE

草本（稀灌木或小乔木）。茎通常具膨大的节，具膜质托叶鞘。单叶互生，稀对生或轮生，通常全缘，有时分裂。花序穗状、总状、头状或圆锥状，顶生或腋生；花两性（稀单性）雌雄异株或同株，辐射对称；花梗常具关节；花被片3—5深裂，覆瓦状排列或花被片6排列成2轮；雄蕊6—9；子房上位。瘦果卵形或椭圆形，具3棱或双凸镜状，极少具4棱，有时具翅或刺。

本科约50属，1150种。世界性分布，主产于北温带。我国有13属，235种，37变种，产于全国各地。

沙木蓼 *Atraphaxis bracteata*（木蓼属）

直立灌木。主干粗壮，具肋棱，多分枝。叶革质，长圆形或椭圆形，当年生枝上者披针形，顶端钝，具小尖，基部圆形或宽楔形，边缘微波状，下卷。总状花序，顶生，苞片披针形，每苞内具2—3花；花被片5，绿白色或粉红色，内轮花被片卵圆形，外轮花被片肾状圆形。瘦果卵形，具三棱。

产于内蒙古、宁夏、甘肃、青海及陕西。固沙植物，也可作为骆驼的饲料。

观察地点：试验苗圃木本实验地。花果期6—8月。

竹节蓼 *Homalocladium platycladum*（竹节蓼属）

直立灌木。高0.6—3.6米，植株无毛。枝扁平，绿色，节和节间明显。叶披针形或卵状披针形，长2—4.5厘米，近无柄；有时叶全退化。花小，绿白色，有时微带淡红色，簇生于叶腋内。花常为两性，稀单性。花被片5，椭圆形，花柱3。瘦果具三棱，平滑，成浆果状。

原产于南太平洋所罗门群岛，现广泛栽培。观赏。

观察地点：展览温室。花期6—9月。

虎杖 *Reynoutria japonica*（虎杖属）

多年生草本。茎直立，中空，具明显的纵棱，散生紫红斑点。叶宽卵形，顶端渐尖。雌雄异株，圆锥花序；苞片漏斗状，每苞内具2—4花；花被5深裂，淡绿色；雌花花被片外面3片背部具翅。瘦果卵形，具3棱，包于宿存花被内。

产于西北、华东、华中、华南及西南地区。根状茎供药用，有活血、散瘀、通经、镇咳等功效。

观察地点：本草园。花期8—9月，果期9—10月。

竹节蓼

虎杖

何首乌 Fallopia multiflora（何首乌属）

多年生草本。块根肥厚，长椭圆形，黑褐色。茎缠绕，具纵棱，下部木质化。叶卵形或长卵形，顶端渐尖，基部心形或近心形，全缘。花序圆锥状，顶生或腋生；苞片三角状卵形，每苞内具2—4花；花被5深裂，白色或淡绿色，花被片椭圆形，外面3片较大背部具翅；雄蕊8；花柱3。瘦果卵形，具3棱，黑褐色。

产于西北、华东、华中、华南及西南地区，日本也有。块根入药。

观察地点：本草园、宿根花卉园，我园花期8—9月，果期9—10月。我园还在宿根花卉园等处栽培有木藤蓼*Fallopia aubertii*，与本种的主要区别是半灌木，叶常簇生，花期9月以后，在北京常于国庆节前后进入盛花期。

商陆科 PHYTOLACCACEAE

草本或灌木，稀为乔木。常直立。单叶互生，全缘。花小，常两性，辐射对称或近辐射对称，排列成总状或聚伞等各式花序；花被片4—5，分离或基部连合；雄蕊数目变异大，4—5或多数；心皮1至多数，分离或合生。果实肉质，浆果或核果，稀蒴果。

本科共17属，约120种，广布于热带至温带地区，主产于热带美洲、非洲南部，少数产于亚洲。我国有2属，5种。

垂序商陆 Phytolacca americana（商陆属）

多年生草本，高1—2米。根粗壮，倒圆锥形。茎直立，圆柱形，有时带紫红色。叶片椭圆状卵形或卵状披针形。总状花序顶生或侧生，长5—20厘米；花白色，微带红晕，直径约6毫米；花被片5，心皮合生。果序下垂；浆果扁球形，熟时紫黑色；种子肾圆形，直径约3毫米。

原产于北美，我国华北、华东及华南地区栽培或逸生。有毒，忌食用。

观察地点：本草园，常散生于展区及科研办公区各处。花期6—8月，果期8—10月。

紫茉莉科 NYCTAGINACEAE

草本、灌木或乔木，有时为具刺藤状灌木。单叶对生、互生或假轮生，全缘。花辐射对称，两性，稀单性或杂性；单生、簇生或成聚伞、伞形花序；常具苞片或小苞片；花被单层，常为花冠状，圆筒形或漏斗状，有时钟形，下部合生成管，顶端5—10裂；雄蕊通常3—5，下位，子房上位，1室。瘦果，有棱或槽，有时具翅。

本科约30属，300种，分布于热带和亚热带地区，主产于热带美洲。我国有7属，11种，1变种，主要分布于华南和西南。

叶子花 Bougainvillea spectabilis（叶子花属）

藤状灌木。枝、叶密生柔毛；刺腋生、下弯。叶片椭圆形或卵形，基部圆形，有柄。花序腋生或顶生；苞片椭圆状卵形，基部圆形至心形，长2.5—6.5厘米，宽1.5—4厘米，暗红色或淡紫红色；花被管顶端5—6裂，裂片黄色，长3.5—5毫米。果实长1—1.5厘米，密生毛。

原产于热带美洲。我国南方栽培。观赏。

观察地点： 展览温室，我园花期11月至转年3月。

夜香紫茉莉 *Mirabilis nyctaginea*（紫茉莉属）

多年生草本。茎直立或上升，偶匍匐。叶片卵状披针形或三角形，长3—10厘米。基部截形、圆形或心形，先端急尖至渐尖，稀圆钝，表面通常无毛，有时被微柔毛。聚伞花序顶生，花梗通常5—20毫米，被柔毛。总苞内具花(2—)3(—5)朵，花被通常粉红色至紫红色，很少白色，长1厘米。瘦果。

原产于北美。我园为逸生。观赏。

观察地点： 本草园等处，花期5—8月，果期8—9月。我园宿根花卉园还逸生有紫茉莉*Mirabilis jalapa*，根、叶可供药用，有清热解毒、活血调经和滋补的功效，其总苞内只有一枚黑色果实，而夜香紫茉莉总苞内常有3枚棕褐色果实。

番杏科 AIZOACEAE

一年生或多年生草本，或半灌木。茎直立或平卧。单叶对生、互生或假轮生，有时肉质，全缘，稀具疏齿。花两性，稀杂性，辐射对称，花单生、簇生或成聚伞花序；花被片5，稀4，分离或基部合生，宿存，覆瓦状排列；雄蕊3—5或多数；花托扩展成碗状，常有蜜腺。蒴果或坚果状，有时为瘦果，常为宿存花被包围。

本科约130属，1200种，主产于非洲南部，其次在大洋洲。我国有7属，约15种。

四海波 Faucaria tigrina（肉黄菊属）

多年生常绿草本。植株密集丛生，肉质，叶肉质、偏菱形，常2—3对交互对生，基部联合，先端三角形，长5cm，宽2—3cm，叶面扁平，叶背凸起，灰绿色，有细小白点，叶缘有9—10反曲具纤毛的尖齿。花径5cm，黄色。

原产于南非大卡鲁高原的石灰岩地区。广泛栽培作观赏。观赏。

观察地点：展览温室。

马齿苋科 PORTULACACEAE

一年生或多年生草本，稀半灌木。单叶，互生或对生，全缘，常肉质。花两性，整齐或不整齐；萼片2，稀5；花瓣4—5片，稀更多，分离或基部稍连合，常有鲜艳色；雄蕊与花瓣同数，对生，或更多与花瓣贴生；雌蕊3—5心皮合生，1室。蒴果近膜质，稀为坚果。

本科约19属，580种，广布于全世界，主产于南美。我国约有3属，8种。

马齿苋 Portulaca oleracea（马齿苋属）

一年生草本。茎圆柱形，淡绿色或带暗红色。叶互生，有时近对生，叶片扁平，肥厚，倒卵形，长1—3厘米，顶端圆钝或平截，有时微凹，基部楔形，全缘，下面有时带暗红色。花无梗，午时盛开；花瓣5，黄色，基部合生；蒴果卵球形。

田间常见杂草。广布于全世界温带和热带地区。药用或作蔬菜和饲料。

观察地点：野生于各处。花期5—8月，果期6—9月。

大花马齿苋 Portulaca grandiflora（马齿苋属）

一年生草本。茎紫红色，多分枝，节上丛生毛。叶片细圆柱形，有时微弯，长1—2.5厘米；叶腋常生一撮白色长柔毛。花生枝端，日开夜闭；花瓣5或重瓣，红色、紫色或黄白色；雄蕊多数。蒴果近椭圆形。

原产于巴西。我国各地常有栽培。药用、观赏。

观察地点：宿根花卉园等处。花期6—9月，果期8—11月。

土人参 Talinum paniculatum（土人参属）

全株无毛，高30—100厘米。主根圆锥形，皮黑褐色，断面乳白色。茎直立，基部近木质。叶片稍肉质，全缘，倒卵形或倒卵状长椭圆形，长5—10厘米，顶端常急尖。圆锥花序常二叉状分枝；花小，直径约6毫米；花瓣粉红色或淡紫红色，蒴果近球形。

原产于热带美洲。我国中部和南部均有栽植。可入药。

观察地点：本草园。花期6—8月，果期9—11月。

大花马齿苋

土人参

石竹科 CARYOPHYLLACEAE

一年生或多年生草本，稀亚灌木。茎节通常膨大，具关节。单叶对生，稀互生或轮生，全缘。花辐射对称，两性（稀单性），聚伞或聚伞圆锥花序，稀单生，少数呈总状、头状、假轮伞或伞形花序；花瓣5，稀4，瓣片全缘或分裂；雄蕊10，稀5或2；雌蕊1，子房上位。蒴果，长椭圆形、圆柱形、卵形或圆球形，稀为浆果状、不规则开裂或为瘦果。

本科约75(80)属，2000种，主要分布在北半球的温带和暖温带，地中海地区为分布中心。我国有30属，约388种，58变种，以北部和西部为主要分布区。

肥皂草 Saponaria officinalis（肥皂草属）

多年生草本，高30—70厘米。茎直立，常无毛。叶片椭圆形，长5—10厘米，基部渐狭成短柄状，半抱茎，顶端急尖，边缘粗糙。聚伞圆锥花序，小聚伞花序有3—7花；苞片披针形，花萼筒状，萼齿宽卵形，具凸尖；花瓣白色或淡红色，无毛，瓣片长10—15毫米，顶端微凹缺；副花冠片线形。蒴果长圆状卵形。

分布于地中海沿岸。根可入药，全草可用于洗涤器物。

观察地点： 宿根花卉园、本草园。花期6—9月。

藜科 CHENOPODIACEAE

一年生草本、半灌木、灌木，较少为多年生草本或小乔木。茎和枝有时具关节。叶互生或对生，叶扁平或圆柱状及半圆柱状，较少退化成鳞片状。单被花两性，较少为杂性或单性；花被(1—2)3—5深裂或全裂，稀成2轮，果时常增大变硬，或在背面生出翅状、刺状、疣状附属物；子房上位，心皮2—5，离生；胞果，稀盖果。种子扁平圆形、双凸镜形、肾形或斜卵形。

约100余属，1400余种，主产于非洲南部、中亚、美洲及大洋洲等地。我国有39属，约186种，以新疆最为丰富。

盐角草 Salicornia europaea（盐角草属）

一年生草本。茎直立，多分枝，枝肉质，苍绿色。叶鳞片状，顶端锐尖，基部连合成鞘状。花序穗状腋生，每1苞片内有3朵花，集成1簇，陷入花序轴内；花被肉质，倒圆锥状，上部扁平成菱形；子房卵形。果皮膜质；种子矩圆状卵形，有钩状刺毛。

产于东北、华北、西北、华东地区。观赏。

观察地点：展览温室。花果期6—8月。

苋科 AMARANTHACEAE

一年或多年生草本，少数攀援藤本或灌木。叶互生或对生，全缘，少数有微齿，无托叶。花两性或单性同株或异株，或杂性，有时退化成不育花，簇生在叶腋内，成疏散或密集的穗状、头状、总状或圆锥花序；花被片3—5，干膜质，覆瓦状排列；雄蕊常和花被片等数且对生；子房上位，1室。胞果或小坚果，少数为浆果。

本科约60属，850种，分布很广。我国产13属，约39种。

凹头苋 Amaranthus lividus（苋属）

一年生草本。全体无毛；茎伏卧而上升，从基部分枝，淡绿色或紫红色。叶片卵形或菱状卵形，顶端凹缺，有1芒尖，或微小不显，基部宽楔形，全缘或稍呈波状。花成腋生花簇，生在茎端和枝端者成直立穗状花序或圆锥花序。胞果。

除内蒙古、宁夏、青海、西藏外，全国广泛分布。茎叶可作猪饲料，全草可入药。

观察地点：园区广泛分布。花期7—8月，果期8—9月。

仙人掌科 CACTACEAE

多年生肉质草本、灌木或乔木，地生或附生。茎圆柱状、球状、侧扁或叶状；节常缢缩，具水汁；刺座（areoles）螺旋状散生，常有腋芽或短枝变态形成的刺。叶扁平或完全退化，无托叶。花通常单生，常两性；花托通常与子房合生，外面覆以鳞片（苞片）和刺座，稀裸露；花被片多数和无定数；雄蕊多数，基部常有蜜腺。雌蕊由3至多数心皮合生而成；子房通常下位。浆果肉质。种子常多数。

本科共108属，近2000种，分布于美洲热带至温带地区。本科大部分属种已被引种到东半球，我国引种栽培60余属，600种以上。

金刺般若 Astrophytum ornatum var. mirbelii（星球属）

幼株球形，后长成圆桶状，高可达1米，直径30厘米。球体7—8棱，暗绿色，被银白色星状毛或小鳞片。刺座黄色，有直刺5—11，金黄色，长3厘米。花着生于顶部，黄色，大型，直径7—9厘米，常数朵同开。果实成熟时裂开成星状。种子大，船形，褐色。

原产于墨西哥。

观察地点：展览温室。花果期3—6月。

昙花 *Epiphyllum oxypetalum*（昙花属）

附生肉质灌木，高2—6米。分枝多数，叶状侧扁，节间长15—100厘米，宽5—12厘米。花单生，漏斗状，长25—30厘米；萼状花被片绿白色、淡琥珀色或带红晕；瓣状花被片白色，倒卵状披针形至倒卵形，长7—10厘米，宽3—4.5厘米。浆果长球形，紫红色。种卵状肾形，亮黑色。

原产于中美洲各国，世界各地区广泛栽培。观赏，果可食用。

观察地点：展览温室。花果期12月前后。

巨鹫玉 *Ferocactus horridus*（强刺球属）

幼株成形后为短圆桶状，直径30厘米，高可达1米，深绿色，表皮厚而坚硬。具棱13，棱脊高，但很薄，棱沟宽而深。刺座大，刺座间距1.5—2厘米。中刺最长的达7—15厘米，侧扁，具钩，新刺紫红或红褐色，老刺褐或灰褐色。花黄至橙红色，直径7—8厘米。果长2.5厘米。

原产于墨西哥加利福尼亚半岛等地。

观察地点：展览温室。花果期2—4月。

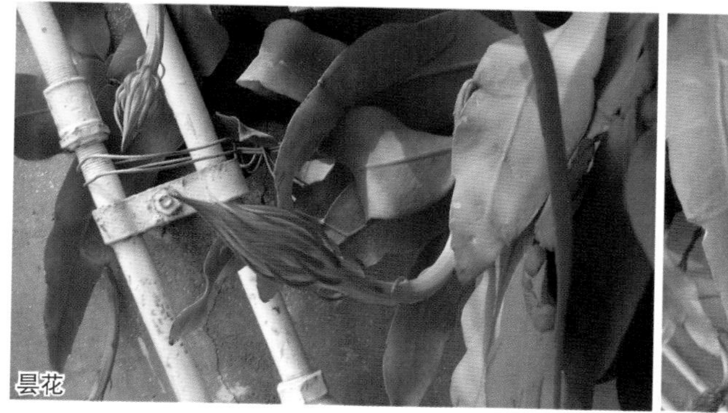
昙花

巨鹫玉

假昙花 *Rhipsalidopsis gaertneri*（假昙花属）

植株常呈悬垂状，主茎圆，易木质化，分枝呈节状，茎节扁平长圆形，绿色，新出茎节带红色。刺座在节间，有刚毛。花着生在顶端，花大，直径6—8厘米，花檐整齐，红色，花筒较短，雄蕊细长，花丝白色。浆果长1.5厘米。种子褐色。假昙花外形和蟹爪兰相似，但花形不同。

原产于巴西高原东南部，常附生在树桠等处。观赏。

观察地点：展览温室。花期4月。

蟹爪兰 *Zygocactus truncatus*（蟹爪属）

多分枝，常铺散下垂，茎节扁平，截形，绿色或带紫晕，长4—5.5厘米，宽2.5—5厘米，两端及边缘有尖齿2—4，似螃蟹的爪子。刺座上有短刺毛1—3。冬季或早春开花，花着生于茎节顶端，两侧对称，花瓣张开反卷，6.5—8厘米长，粉红、紫红、深红、淡紫、橙黄或白色。果梨形或广椭圆形，光滑，暗红色。

原产于巴西东部热带森林中，附生在树干上或荫蔽潮湿的山谷里。观赏、药用。

观察地点：展览温室。花果期11月至转年2月。

假昙花

蟹爪兰

木兰科 MAGNOLIACEAE

木本；叶互生、簇生或近轮生，单叶不分裂，罕分裂。花顶生、腋生、罕成为2—3朵的聚伞花序。花被片通常花瓣状；雄蕊多数，子房上位，心皮多数，离生，罕合生，虫媒传粉。胚珠着生于腹缝线，胚小、胚乳丰富。

本科共18属，约335种，主要分布于亚洲东南部、南部，北美东南部、中美。我国有14属，约165种，主要分布于我国东南部至西南部。

北美鹅掌楸 Liriodendron tulipifera（鹅掌楸属）

高大乔木。树皮深纵裂，小枝褐色或紫褐色，常带白粉。叶片长7—12厘米，近基部每边具2侧裂片，先端2浅裂。花杯状，花被片9，外轮3片绿色，萼片状，内两轮6片，灰绿色，直立，花瓣状、卵形，近基部有一不规则的黄色带。聚合果长约7厘米，具翅的小坚果淡褐色。

原产于北美东南部。古雅优美的庭园树种，材质优良，为高级家具用材。

观察地点：牡丹园。花期5月，果期9—10月。

与鹅掌楸的主要区别：本种小枝褐色或紫褐色；叶近基部每边具2侧裂片，叶下面无白粉点；花被片长4—6厘米，两面近基部具不规则的橙黄色带，花丝长10—15毫米；雌蕊群不超出花被之上。

玉兰 Magnolia denudata（木兰属）

高大落叶乔木。叶纸质，倒卵形至倒卵状椭圆形。长10—15（18）厘米，先端宽圆、平截或稍凹，具短突尖。花先叶开放，直立，芳香，直径10—16厘米；花被片9片，白色，基部常带粉红色，长圆状倒卵形，长6—8（10）厘米。聚合果圆柱形，长12—15厘米。种子心形，侧扁，外种皮红色，内种皮黑色。

全国各大城市园林广泛栽培。观赏、用材、药用。

观察地点：牡丹园。花期2—3月（亦常于7—9月再开一次花），果期8—9月。

凹叶厚朴 Magnolia officinalis ssp. biloba（木兰属）

落叶乔木。叶先端凹缺，成2钝圆的浅裂片，但幼苗之叶先端钝圆，并不凹缺。花被片9—12 (17)，厚肉质，外轮3片淡绿色，长圆状倒卵形，长8—10厘米，宽4—5厘米，盛开时常向外反卷，内两轮白色，聚合果基部较窄。

产于安徽、浙江西部、江西、福建、湖南、广东、广西。观赏、用材、入药。

观察地点：牡丹园。花期4—5月，果期10月。

玉兰

凹叶厚朴

宝华玉兰 *Magnolia zenii*（木兰属）

落叶乔木。叶膜质，倒卵状长圆形或长圆形，长7—16厘米，先端宽圆具渐尖头，上面绿色，无毛，下面淡绿色，中脉及侧脉有长弯曲毛。花梗密被长毛；花被片9，近匙形，外面中部以下紫色。成熟蓇葖近圆形，有疣点状凸起，顶端钝圆。

产于江苏。为优美的庭园观赏树种。

观察地点：珍稀濒危园。花期3—4月，果期8—9月。

黄山木兰 *Magnolia cylindrica*（木兰属）

落叶乔木。幼枝、叶柄、叶下面被淡黄色平伏毛。叶倒卵形至倒卵状长圆形，长6—14厘米，先端尖或圆；托叶痕为叶柄长1/6—1/3。先叶开花，直立。花被片9，外轮3片膜质，萼片状，中内2轮花瓣状，白色，基部常红色；雄蕊花丝淡红色。聚合果圆柱形，长5—7.5厘米；蓇葖紧密结合不弯曲。种子心形。

产于河南、安徽、浙江、福建、江西及湖北，生于海拔700—1600米山地林中。

观察地点：珍稀濒危园。花期5—6月，果期8—9月。

宝华玉兰

黄山木兰

含笑 *Michelia figo*（含笑属）

常绿灌木。树皮灰褐色，分枝繁密；芽、嫩枝，叶柄，花梗均密被黄褐色绒毛。叶革质，狭椭圆形或倒卵状椭圆形，长4—10厘米。花淡黄色而边缘有时红色或紫色，具甜浓的芳香，花被片6，肉质，较肥厚，长椭圆形。

原产于华南南部各省区。观赏、入药，花可提取芳香油。

观察地点：展览温室。花期3—5月，果期7—8月。

五味子 *Schisandra chinensis*（五味子属）

落叶木质藤本。叶膜质，宽椭圆形，卵形至近圆形，先端急尖，基部楔形，上部边缘具疏浅锯齿，近基部全缘；叶柄下延成极狭的翅。雌雄异花，花被片粉白色或粉红色。聚合果，小浆果红色，近球形。种子光滑。

产于东北、华北及西北。果可入药，其叶、果实可提取芳香油。

观察地点：本草园。花期5—7月，果期7—10月。

含笑

五味子

番荔枝科 ANNONACEAE

本科是热带植物区系的主要科。乔木，灌木或攀援灌木；木质部通常有香气。叶为单叶互生，全缘；羽状脉。花通常两性，少数单性，辐射对称，单生或组成团伞花序等；花瓣6片，2轮；雄蕊多数，螺旋状着生；心皮1至多个，离生。成熟心皮离生，少数合生成一肉质的聚合浆果；种子通常有假种皮。

本科约120属，2 100余种，广布于世界热带和亚热带地区。我国产24属，103种，6变种，多分布于南方。

鹰爪花 Artabotrys hexapetalus（鹰爪花属）

攀援灌木。叶纸质，长圆形或阔披针形，顶端渐尖或急尖，基部楔形。花淡绿色或淡黄色，芳香；萼片绿色，卵形；花瓣长圆状披针形；雄蕊长圆形，药隔三角形；心皮长圆形，柱头线状长椭圆形。果卵圆状，顶端尖，数个群集于果托上。

产于浙江、台湾、福建、江西、广东、广西和云南等地区。可提取芳香油。

观察地点：展览温室。花期5—8月，果期5—12月。

樟科 LAURACEAE

常绿或落叶，常为木本。树皮通常具芳香；木材通常黄色。叶通常革质，互生、对生至轮生，常全缘，羽状脉，三出脉或离基三出脉。花序各式。花通常小，两性或由于败育而成单性，雌雄同株或异株，辐射对称，通常3基数。雄蕊通常最内一轮败育。子房单室，心皮常3，通常为上位。果为浆果或核果。

本科约45属，2000—2500种，产于全球的热带及亚热带地区。我国约有20属，423种。

香樟（樟）Cinnamomum camphora（樟属）

常绿大乔木；树皮黄褐色，有不规则的纵裂。叶互生，卵状椭圆形，长6—12厘米，先端急尖，边缘全缘，具离基三出脉。圆锥花序腋生，长3.5—7厘米。花绿白或带黄色，长约3毫米。子房球形。果卵球形或近球形，直径6—8毫米，紫黑色；果托杯状。

产于南方及西南各省区，国外常有引种栽培。

观察地点：展览温室。花期4—5月，果期8—11月。

蜡梅科 CALYCANTHACEAE

灌木。小枝四方形至近圆柱形；有油细胞。单叶对生，全缘或近全缘；羽状脉。花两性，辐射对称，通常芳香，先叶开放；花被片多数，成螺旋状着生于杯状的花托外围；雄蕊两轮，螺旋状着生于杯状的花托顶端；心皮离生，每心皮有胚珠2颗；花托杯状。聚合瘦果，种子无胚乳。

本科2属，7种，2变种，分布于亚洲东部和美洲北部。我国有2属，4种。

美国夏蜡梅 Calycanthus floridus（夏蜡梅属）

高1—4米；木材有香气。叶椭圆形、宽楔圆形、长圆形或卵圆形；中脉和侧脉在叶面扁平，在叶背凸起。花红褐色，有香气；花被片线形至椭圆形，内面的花被片通常较短小；雄蕊通常为12或13。

原产于北美，栽培于各地植物园。花美丽有香气，作观赏植物。

观察地点：科研办公区植物园办公楼前。花期5—7月。

蜡梅 *Chimononthus praecox*（蜡梅属）

落叶灌木，高达4米；幼枝四方形，有皮孔。叶纸质至近革质，卵圆形至卵状椭圆形，有时长圆状披针形，顶端急尖至渐尖，有时具尾尖，除叶背脉上被疏微毛外无毛。花黄色，着生于第二年生枝条叶腋内，先花后叶，芳香；花被片形状多样。果托近木质化，坛状或倒卵状椭圆形，长2—5厘米。

野生于华东、华南及西南等省区；各地栽培。园林绿化、药用或提取芳香油。

观察地点：科研办公区植物园办公楼前。花期11月至转年3月，果期4—11月。

夏蜡梅 *Calycanthus chinensis*（夏蜡梅属）

高1—3米；树皮灰白色或灰褐色，皮孔凸起；小枝对生。叶宽卵状椭圆形、卵圆形或倒卵形，叶缘全缘或有不规则的细齿。花无香气；花被片螺旋状着生于杯状或坛状的花托上；雄蕊18—19，药隔短尖。果托钟状或近顶口紧缩。

产于浙江昌化及天台等地。

观察地点：珍稀濒危园。花期5月中下旬，果期10月上旬。

蜡梅

夏蜡梅

领春木科 EUPTELEACEAE

落叶灌木或乔木；枝有长枝、短枝之分。叶互生，圆形或近卵形，边缘有锯齿，具羽状脉，有较长叶柄，无托叶。花先叶开放，两性，单生在苞片腋部，有花梗；无花被；雄蕊多数；花托扁平；心皮多数，离生。翅果周围有翅，顶端圆，下端渐细成柄。

本科仅1属，即领春木属，分布于我国、日本及印度。

领春木 *Euptelea pleiospermum*（领春木属）

落叶灌木或小乔木，高2—15米。树皮紫黑色或棕灰色；小枝无毛，紫黑色或灰色。叶纸质，卵形或近圆形，先端渐尖，有1突生尾尖，边缘疏生顶端加厚的锯齿。花丛生；苞片早落；雄蕊6—14，花药红色；心皮6—12，子房歪形。翅果，棕色；种子卵形，黑色。

产于华北、西北、华中及西南各省区，是植物系统学研究中的重要物种。

观察地点：珍稀濒危园。花期4—5月，果期7—8月。

连香树科 CERCIDIPHYLLACEAE

落叶乔木，树干单一或数个；枝有长枝、短枝之分。叶边缘有钝锯齿，具掌状脉。花单性，雌雄异株，先叶开放；每花有1苞片；无花被；雄花丛生，近无梗，雄蕊8—13；雌花4—8朵，具短梗；心皮4—8，离生。蓇葖果2—4个，有几个种子；种子扁平，一端或两端有翅。

本科仅1属，即连香树属。

连香树 Cercidiphyllum japonicum（连香树属）

高大乔木，高10—20米；树皮灰色或棕灰色；小枝无毛，短枝在长枝上对生。叶生短枝上的近圆形、宽卵形或心形，生长枝上的椭圆形或三角形，边缘有圆钝锯齿，先端具腺体，掌状脉7条直达边缘。雄花及雌花常丛生。蓇葖果2—4个，荚果状。种子扁平四角形，褐色，先端有透明翅。

产于山西、河南、陕西、甘肃、安徽、浙江、江西、湖北及四川。可提制栲胶。

观察地点：珍稀濒危园。花期4月，果期8月。

毛茛科 RANUNCULACEAE

多为草本。叶通常互生或基生，少数对生，通常掌状分裂，无托叶。花两性，少有单性，雌雄同株或异株，多辐射对称，稀两侧对称。花萼及花瓣4—5，较多或不存在，有时特化成分泌器官。雄蕊多数，螺旋状排列。心皮常分生，常多数，在花托上螺旋状或轮状排列。果实为蓇葖或瘦果，少数为蒴果或浆果。

本科约50属，2000余种，主要分布在北半球温带和寒温带。我国有42属，约720种，大多数属、种分布于西南部山地。

铁破锣 Beesia calthifolia（铁破锣属）

生于山谷、林下阴湿处。根状茎斜，长约10厘米。叶2—4，叶片肾形、心形，长18—35厘米，边缘密生圆锯齿；叶柄较长。复合花序总状；花梗被短柔毛；萼片白色或带粉红色，狭卵形或椭圆形，长3—5毫米。蓇葖长1.1—1.7厘米。

产于西南地区至甘肃南部。海拔1400—3500米生存。药用。

观察地点：展览温室。5—8月开花。

大火草（野棉花）Anemone tomentosa（银莲花属）

植株高40—150厘米。基生叶3—4，有长柄，三出复叶，小叶片卵形至三角状卵形，长9—16厘米，三浅裂至三深裂。萼片5，淡粉红色或白色，倒卵形至宽椭圆形，长1.5—2.2厘米；心皮400—500，子房密被绒毛。聚合果球形，密被棉毛。

分布于华北、西北及华中部分省区。药用，种子可榨油。

观察地点：宿根花卉园。花果期7—10月。

铁破锣

大火草

大火草

金莲花 *Trollius chinensis*（金莲花属）

生于山地草坡或疏林下。茎高30—70厘米，不分枝，疏生2—4叶。基生叶1—4个，有长柄；叶片五角形，三全裂。茎生叶似基生叶。萼片多10—15片，金黄色；花瓣18—21个，狭线形。蓇葖长1—1.2厘米，黑褐色，表面具黏稠分泌物。

分布于东北及华北。海拔1000—2200米生存。花入药或供观赏。

观察地点： 宿根花卉园。6—7月开花，8—9月结果。

花毛茛 *Ranunculus asiaticus*（毛茛属）

多年生草本。高20—40厘米，块根纺锤形，常数个聚生于根颈部；茎常单生，被刚毛；基生叶阔卵形，具长柄，为2回羽状复叶。花单生或数朵顶生，花径3—4厘米。花重瓣，呈白色、红色、橙色和紫色等多种颜色。

原产于西亚及欧洲南部。

观察地点： 宿根花卉园，季节性栽培。花果期4—5月。

金莲花
花毛茛

扬子毛茛 Ranunculus sieboldii（毛茛属）

多年生草本。茎铺散，高20—50厘米。基生叶与茎生叶相似，为3出复叶；叶片圆肾形至宽卵形，长2—5厘米，3浅裂至较深裂，边缘有锯齿。花与叶对生，直径1.2—1.8厘米；花瓣5。聚合果圆球形；瘦果扁平。

产于西南、华中、华东至甘肃等省区。药用。

观察地点： 本草园。花果期5—8月。

箭头唐松草 Thalictrum simplex（唐松草属）

生于山地草坡或沟边。植株全部无毛。高达1米。茎生叶向上近直展，为二回羽状复叶；茎下部的叶片长达20厘米。圆锥花序长9—30厘米；萼片4，早落，狭椭圆形，长约2.2毫米；雄蕊约15；心皮3—6。瘦果长约2毫米。

产于新疆、内蒙古西部。海拔1400—2400米生存。

观察地点： 宿根花卉园。花果期7—8月。

扬子毛茛

箭头唐松草

小檗科 BERBERIDACEAE

灌木或多年生草本，稀小乔木。叶常互生。花序顶生或腋生，花单生，簇生或组成各式花序；花两性，辐射对称，花被通常3基数，稀缺；萼片6—9，常花瓣状，离生，2—3轮；花瓣6，常特化；雄蕊与花瓣同数；子房上位。浆果、蒴果、蓇葖果或瘦果。

本科共17属，约有650种，主产于北半球。我国有11属，约320种，全国各地均有分布。

紫叶小檗 Berberis thunbergii var. atropurpurea（小檗属）

落叶灌木，一般高约1米，多分枝。茎刺单一，偶3分叉，长5—15毫米。叶薄纸质，倒卵形、匙形或菱状卵形，长1—2厘米，全缘，紫红色。花序具2—5朵黄色小花。浆果椭圆形，长约8毫米，亮鲜红色。种子1—2枚。

本种原产于日本。药用、绿化。

观察地点：科研办公区及树木园。花期4—6月，果期7—10月。

细叶小檗 Berberis poiretii（小檗属）

落叶灌木，高1—2米。茎刺缺或单一，长4—9毫米。叶倒披针形至狭倒披针形，偶披针状匙形，长1.5—4厘米，全缘，偶具刺齿；近无柄。总状花序具8—15朵花，长3—6厘米；花黄色。浆果长圆形，红色，长约9毫米。

产于东北、华北、西北等地区。药用、绿化。

观察地点：本草园。花期5—6月，果期7—9月。

淫羊藿 Epimedium brevicornu（淫羊藿属）

株高20—60厘米。根状茎粗短，木质化。二回三出复叶基生和茎生，具9枚小叶；小叶卵形或阔卵形，长3—7厘米；花茎具2枚对生叶，花序具20—50朵花；花白色或淡黄色；萼片2轮；花瓣较萼片短，长仅2—3毫米。蒴果长约1厘米。

产于西北、华北南部至华中地区。药用。

观察地点：宿根花卉园。花期5—6月，果期6—8月。

细叶小檗
淫羊藿

防己科 MENISPERMACEAE

攀援或缠绕藤本，稀灌木或小乔木。叶互生，无托叶，常单叶。聚伞花序或再复式排列。花通常小而不鲜艳，单性，雌雄异株；萼片通常轮生，每轮常3片；花瓣通常2轮，每轮常3片，通常分离；雄蕊2至多数；心皮常3—6，子房上位，1室。核果，中果皮通常肉质。

本科约65属，350余种，产于热带和亚热带地区。我国有19属，78种，主产于长江流域及其以南各省区。

蝙蝠葛 Menispermum dauricum（蝙蝠葛属）

草质、落叶藤本。叶常为心状扁圆形，边缘常有裂，下面有白粉。圆锥花序有总梗，花数朵至20余朵；雄花：萼片4—8，绿黄色；花瓣6—8或多至12片，长1.5—2.5毫米；雄蕊通常12；雌花有退化雄蕊6—12。核果紫黑色；果核弯肾形。

产于东北、华北及华中地区。药用。

观察地点：本草园。花期6—7月，果期8—9月。

木通科 LARDIZABALACEAE

木质藤本，稀直立灌木。茎缠绕或攀缘。叶互生，常为掌状或三出复叶，无托叶。花辐射对称，单性，雌雄同株或异株；萼片花瓣状，常6片，排成两轮；花瓣6，蜜腺状，有时无；雄蕊6枚；退化心皮3枚；雌花中有6枚退化雄蕊；心皮3，很少6—9，离生。果为肉质的蓇葖果或浆果。

本科共9属，约50种，大部分产于亚洲东部。我国有7属，42种，南北均产。

三叶木通 Akebia trifoliata（木通属）

落叶木质藤本。叶柄直，长7—11厘米；小叶3片，卵形至阔卵形，长4—7.5厘米，边缘具波状齿或浅裂。总状花序下部有1—2朵雌花，以上约有15—30朵雄花，长6—16厘米。雄花萼片3，淡紫色；退化心皮3。雌花萼片3，紫褐色，开花时广展反折；退化雄蕊6枚或更多。果长圆形，长6—8厘米；种子极多数。

产于华北、甘肃东南部至长江流域各省区。药用、榨油。

观察地点：水生与藤本园。花期4—5月，果期7—8月。

睡莲科 NYMPHAEACEAE

水生或沼泽生草本；根状茎沉水生。叶常二型，互生；沉水叶细弱，有时细裂。花两性，辐射对称；萼片3—12；花瓣3至多数，或渐变成雄蕊；雄蕊6至多数；心皮3至多数，离生或连合，或嵌生在花托内。坚果或浆果。

本科共8属，约100种，广泛分布；我国产5属，约15种。

芡实 *Euryale ferox*（芡属）

水生草本，花茎和浮水叶有刺。叶大而圆，浮于水面，面绿背紫，有皱纹。花期花茎出水面，顶着生一花；花上位，带紫色，中午开放；萼片4，直立；花瓣极多数，3—5列；雄蕊多数，成8束；子房8室，藏于花托内。浆果海绵质，有黑色球形种子8—20颗，直径10余毫米。

产于我国南北各地区。食用、药用、绿肥、观赏。

观察地点：水生与藤本园。花期7—8月，果期8—9月。

莲 Nelumbo nucifera（莲属）

自生或栽培在池塘或水田内。多年生草本，根状茎横生，肥厚，节间膨大，内有孔道，节部生须状不定根。叶圆形，直径25—90厘米。花直径10—20厘米，美丽，芳香；花瓣红色、粉红色或白色，矩圆状椭圆形至倒卵形，长5—10厘米；花托直径5—10厘米。坚果长1.8—2.5厘米。

产于我国南北各地区。食用、观赏、药用。

观察地点：千年古莲池和水生与藤本园等处。花期6—8月，果期8—10月。

欧亚萍蓬草 Nuphar luteum（萍蓬草属）

生池沼中。多年生。根茎粗达10厘米。叶近革质，椭圆形，长15—20厘米，基部弯缺占叶片1/4—1/3，裂片开展；叶柄三棱形。花直径4—5厘米；萼片宽卵形至圆形，长2—3厘米；花瓣条形，长1—1.5厘米；柱头盘5—25裂。浆果长2—3厘米；种子卵形，长约5毫米。

在我国分布于新疆。

观察地点：水生与藤本园。花期7—8月，果期9—10月。

莲

欧亚萍蓬草

克鲁兹王莲 Victoria cruziana（王莲属）

多年生大型水生草本植物。初生叶呈针状，开展叶呈椭圆形至圆形，直径达3米，叶缘上翘呈盘状，叶两面绿色，背面具刺，叶脉为放射网状；叶柄密被粗刺，长1—3米。花单生，常稍出水开放，后沉入水中，直径30厘米以上；萼片4片，外面全被刺；花瓣多数，倒卵形，长10—22厘米，初开白色，有香气，后变为淡粉色。子房下位，密被粗刺。浆果球形，种子黑色。

观察地点：水生与藤本园。花果期7—10月。

三白草科 SAURURACEAE

多年生草本；茎直立或匍匐状，具明显的节。单叶互生；托叶贴生。花两性，穗状或总状，苞片显著，无花被；雄蕊3、6或8枚，稀更少；雌蕊由3—4心皮所组成，离生或合生，花柱离生。果为分果爿或顶端开裂的蒴果。

本科共4属，约7种，分布于亚洲东部和北美洲。我国有3属，4种，主产于中部以南各省区。

鱼腥草（蕺(jí)菜）Houttuynia cordata（蕺菜属）

腥臭草本，高30—60厘米；茎下部伏地，上部直立，有时带紫红色。叶薄纸质，有腺点，卵形或阔卵形，长4—10厘米，宽2.5—6厘米，顶端短渐尖，基部心形；叶柄长1—3.5厘米；托叶膜质，下部与叶柄合生成鞘。花序长约2厘米；总苞片长圆形或倒卵形，长10—15毫米，宽5—7毫米。

产于我国中部、东南至西南部各省区。生于沟边、溪边或林下湿地上。食用、药用。

观察地点：宿根花卉园。花期4—7月。

胡椒科 PIPERACEAE

草本、灌木或攀援藤本，稀为乔木，常有香气。叶互生，少有对生或轮生，单叶，两侧常不对称。花小，两性、单性雌雄异株或间有杂性，密集成穗状等花序；花被无；雄蕊1—10枚；雌蕊连合，子房上位，1室。小浆果。

本科共8或9属，超3000种，分布于温暖地区。我国有4属，约70余种。

圆叶椒草 Peperomia obtusifolia（草胡椒属）

多年生草本植物。直立，高约30厘米，茎节间较短，易生不定根。单叶互生，叶椭圆形或倒卵形，长5—6 厘米，宽4—5厘米，叶端钝圆，叶基渐狭至楔形，叶面光滑有光泽；叶柄较短，约1 cm。

原产于委内瑞拉，我国多地植物园有引入栽培。

观察地点：展览温室。

马兜铃科 ARISTOLOCHIACEAE

藤本、灌木或草本，稀乔木。单叶、互生，具柄，叶片全缘或3—5裂，基部常心形，无托叶。花两性；花被辐射对称或两侧对称，花瓣状，花被管钟状、管状等形；檐部具3裂或向一侧延伸；雄蕊6至多数；花丝短；子房常下位，常4—6室或相互连通；花柱短而粗厚。蒴果各式；种子多数，常扁平具翅。

本科约8属，600种，主要分布于热带和亚热带地区，以南美洲较多。我国产4属，70余种，除华北和西北干旱地区外，全国各地均有分布。

木通马兜铃 Aristolochia manshuriensis（马兜铃属）

木质藤本，长达10余米。叶革质，心形或卵状心形，长15—29厘米，全缘；叶柄长6—8厘米。花常单朵，常向下弯垂；花被管状，长5—7厘米，外面粉红色，内面暗紫色，顶端3浅裂。蒴果长圆柱形，6棱；种子三角状心形。

产于东北、华中至秦岭附近地区。药用。

观察地点：珍稀濒危园。花期6—7月，果期8—9月。

猕猴桃科 ACTINIDIACEAE

乔木、灌木或藤本。叶为单叶，互生，无托叶。花序腋生。花两性或雌雄异株，辐射对称；萼片5片，稀2—3片；花瓣5片或更多，分离或基部合生；雄蕊10（—13）或多数；心皮多数或少至3枚，子房多室或3室。果为浆果或蒴果；种子每室多数至1颗。

本科共4属，370余种，主产于热带和亚洲热带及美洲热带。我国4属全产，共计96种以上，主产于长江流域、珠江流域和西南地区。

软枣猕猴桃 Actinidia arguta（猕猴桃属）

叶膜质，较大，阔椭圆形，有时为阔倒卵形，长8—12厘米，宽5—10厘米，基部圆形，边缘锯齿不内弯；背面仅脉腋上有白色髯毛；叶脉很不发达显著。花药暗紫色。果成熟时黄褐色，秃净，球圆形至柱状长圆形，长2—3厘米，顶端有钝喙。

产于东北、华北至华东等地区。食用。

观察地点：本草园及木本实验地。花果期6—8月。

山茶科 THEACEAE

乔木或灌木。叶革质，常绿或半常绿，互生，无托叶。花两性，稀雌雄异株，单生或数花簇生；萼片5至多片；花瓣5至多片，基部连生；雄蕊多数，稀为4—5数；子房上位，稀半下位，2—10室；胚珠每室2至多数。果为蒴果、核果或浆果状。

本科约36属，700种，广泛分布于热带和亚热带地区，尤以亚洲最为集中。我国有15属，480余种。

山茶 *Camellia japonica*（山茶属）

高达9米。叶革质，椭圆形，长5—10厘米，先端略尖，基部阔楔形，边缘有细锯齿。花顶生，红色，无柄；苞片及萼片约10片，呈杯状；花瓣6—7片；雄蕊3轮；内轮雄蕊稍短。蒴果圆球形，直径2.5—3厘米。

四川、台湾、山东、江西等地区有野生种。工业用油、药用、观赏。

观察地点：展览温室栽培一些品种。花期1—4月。

藤黄科 GUTTIFERAE

乔木或灌木，稀草本。叶为单叶，全缘，对生或有时轮生，一般无托叶。花序各式或单花。花两性或单性。萼片多4—5，有时花瓣状。花瓣多4—5，离生。雄蕊多数，离生或常4—5束。子房上位，1—12室。果为蒴果、浆果或核果。

本科约40属，1000种，主要产于热带。我国有8属，87种，几乎遍布全国各地。

金丝梅 Hypericum patulum（金丝桃属）

灌木。茎淡红至橙色。叶具极短柄；叶片披针形至卵形，长1.5—6厘米，先端钝，具小尖突。花序伞房状。花直径2.5—4厘米。萼片离生，长5—10毫米。花瓣金黄色，倒卵形，长1.2—1.8厘米。雄蕊5束，与花瓣对生。蒴果宽卵珠形。

产于华中、华东、华南至西南等地区。观赏、药用。

观察地点：本草园。花期6—7月，果期8—10月。

贯叶连翘 Hypericum perforatum（金丝桃属）

多年生草本，高20—60厘米。茎多分枝。叶椭圆形至线形，长1—2厘米。花序聚伞花序，再组成圆锥花序。萼片长圆形或披针形，长3—4毫米。花瓣黄色，长圆形或长圆状椭圆形，长约1.2厘米。雄蕊多数，5束。蒴果长圆状卵珠形。

产于华北、西北、华中及西南各地区。海拔500—2100米生存。

观察地点：宿根花卉园。花期7—8月，果期9—10月。

金丝梅

贯叶连翘

猪笼草科 NEPENTHACEAE

通常为草本，高可达15米。叶互生，叶可分为叶柄、叶片、卷须、卷须上的瓶状体和卷须末端的瓶盖等5部分。花整齐，单性异株，组成花序，雄花花丝合生成一柱；雌花具1雌蕊，胚珠多数。蒴果，开裂为果爿。

本科共2属，约68种，主产于亚洲热带岛屿，少数分布至大洋洲北部、非洲。我国产1属，分布于广东。

猪笼草 *Nepenthes mirabilis*（猪笼草属）

直立或攀援草本，高0.5—2米。基生叶密集，基部半抱茎；叶片披针形，长约10厘米；瓶状体大小不一，长约2—6厘米；茎生叶散生，长10—25厘米；瓶状体长8—16厘米。总状花序长20—50厘米；花被片4，红至紫红色；雄花具花药1轮。蒴果栗色；种子丝状，长约1.2厘米。

产于广东，生于海拔50—400米的沼地、山腰和灌丛中。观赏、药用。

观察地点：展览温室。花期4—11月，果期8—12月。

罂粟科 PAPAVERACEAE

草本，稀灌木，极稀乔木状，常有乳汁或有色液汁。基生叶通常莲座状，茎生叶互生，全缘或分裂，有时具卷须，无托叶。花两性，辐状至两侧对称；萼片常2，通常分离，早落；花瓣通常二倍于花萼至更多，稀无，有时外轮花瓣呈囊状或成距；雄蕊多数，分离，或少数而合生；子房上位。果为蒴果，稀蓇葖果或坚果状。种子有时具种阜。

本科38属，700多种，主产于北温带，尤以地中海区、西亚、中亚至东亚及北美洲西南部为多。我国有18属，362种，南北均产，但以西南部最为集中。

鬼罂粟（东方罂粟）Papaver orientale（罂粟属）

多年生草本，全株及萼片外被刚毛，具乳汁。基生叶片卵形至披针形，连柄长20—25厘米，二回羽状深裂；茎生叶较小。花单生；萼片2，有时3；花瓣4—6，宽倒卵形，红色或深红色；雄蕊花药紫蓝色。蒴果近球形。

原产于地中海地区，我国多地栽培。观赏。

观察地点：宿根花卉园。花期6—7月。

白屈菜 *Chelidonium majus*（白屈菜属）

多年生草本，高可达1米。主根粗壮。茎多细弱分枝。基生叶少，早凋落，叶片倒卵状长圆形，长8—20厘米，羽状全裂，背面具白粉；茎生叶渐小。伞形花序多花。萼片早落；花瓣倒卵形，长约1厘米，黄色；子房线形。蒴果狭圆柱形。

我国大部分地区均有分布。药用。

观察地点：本草园及宿根花卉园。花果期5—9月。

荷包牡丹 *Dicentra spectabilis*（荷包牡丹属）

直立，高常超40厘米。叶片轮廓三角形，长一般20—30厘米，二回三出全裂，小裂片通常全缘，背面具白粉；叶柄长约10厘米。总状花序弯垂，长约15厘米，花向一侧下垂。花长2.5—3厘米；外花瓣紫红色至粉红色，稀白色。

产于我国东北，生于海拔780—2800米的湿润草地和山坡。药用、观赏。

观察地点：本草园、宿根花卉园及树木园林下。花期4—6月。

白屈菜

荷包牡丹

地丁草 Corydalis bungeana（紫堇属）

二年生，高常30厘米以下，具主根。茎自基部铺散分枝。基生叶多数，长4—8厘米；叶片二至三回羽状细裂。茎生叶类似。总状花序多花，后疏离。苞片叶状。花粉红色至淡紫色，长1.1—1.4厘米；距长约4—5毫米；蜜腺体约占距长的2/3。内花瓣顶端深紫色。蒴果椭圆形，下垂，约长1.5—2厘米。种阜鳞片状。

产于东北、华北、东北及华中等地区。药用。

观察地点：本草园及散生于各处。花果期4—6月。

北京延胡索 Corydalis gamosepala（紫堇属）

多年生草本，高22厘米左右，有时近匍匐。具直径达2厘米的块茎，茎基部以上具1—2鳞片。叶二回三出，小叶的变异极大。总状花序直立。花桃红色或紫色，稀蓝色，长1.6—2厘米。外花瓣宽展；距长1—1.3厘米，末端常稍下弯；蜜腺体超距长的1/2。蒴果线形，长1—2厘米，具1列种子。种子具带状种阜。

产于华北及西北部分地区。药用、观赏。

观察地点：宿根花卉园。花果期3—5月。

地丁草

北京延胡索

十字花科 CRUCIFERAE

草本，很少亚灌木状，常具辛辣气味。植株具有各式的毛。叶基生或茎生；通常无托叶。花整齐，两性，少单性；花序常总状；萼片4片，分离；花瓣4片，分离，成十字形排列；雄蕊通常6，外轮2个较短，内轮4个较长称“四强雄蕊”，少有其他数目；雌蕊1个，2心皮合生，由假隔膜分为2室。果实为角果，瓣裂、横裂或不裂。

本科有300属以上，约3200种，主要产地为北温带，尤以地中海区域分布较多。我国有95属，425种，全国各地均有分布。

疣果匙荠 Bunias orientalis（匙荠属）

二年生草本，高40—80厘米，被稀疏红褐色棒状突起。基生叶与下部茎生叶长1—2.5厘米，宽4.5—5毫米，大头羽状全裂，中、上部茎生叶披针形，长3.5—13厘米，不裂。花序伞房状，果期极伸长；花黄色。短角果卵形，长6—8毫米，宽3—4毫米。种子球形，直径约3毫米。

产于东北各地区。生长在田野。杂草。

观察地点：本草园。花果期6—8月。

碎米荠 Cardamine hirsuta（碎米荠属）

一年生，高15—35厘米。茎下部有时淡紫色。基生叶具柄，有小叶2—5对，顶生小叶肾形或肾圆形，长4—10毫米；茎生叶具短柄，有小叶3—6对。总状花序生于枝顶，花小，直径约3毫米；花瓣白色，倒卵形，长3—5毫米。长角果线形，长达30毫米。种子椭圆形，宽约1毫米。

分布几乎遍布全国。食用、药用。

观察地点：水生与藤本园。花期2—4月，果期4—6月。

葶苈 Draba nemorosa（葶苈属）

一年或二年生草本。茎高5—45厘米。基生叶长倒卵形，顶端稍钝，边缘近全缘；茎生叶边缘有细齿，无柄。总状花序有25—90花，伞房状，花后伸长；花瓣黄色，花期后成白色。短角果长圆形或长椭圆形，长4—10毫米；果梗长8—25毫米，与果序轴成直角开展。种子椭圆形，褐色。

全国各省区均产。生于田边路旁，山坡草地及河谷湿地。药用、榨油等。

观察地点：野生果树园、木草园等区常见野生。花期3—4月，果期5—6月。

碎米荠
葶苈

独行菜 Lepidium apetalum（独行菜属）

一年或二年生草本，高5—30厘米。基生叶窄匙形，一回羽状裂，长3—5厘米；叶柄长1—2厘米。花序在果期长达5厘米；萼片早落；花瓣无或退化成丝状；雄蕊2或4。短角果椭圆形，长2—3毫米。种子椭圆形，长约1毫米。

产于东北、华北、华东、西北及西南。生在海拔400—2000米路旁及村庄附近，为常见的田间杂草。欧洲、亚洲等地区均有分布。食用、药用。

观察地点： 常见野生。花果期5—7月。

诸葛菜（二月蓝）Orychophragmus violaceus（诸葛菜属）

二年生草木。高10—50厘米；茎直立，基部或上部稍有分枝。基生叶长达30厘米以上，侧裂片2—6对；上部叶长圆形或窄卵形，长4—9厘米，基部抱茎。花紫色、浅红色或褪成白色，直径2—4厘米。长角果线形，长7—10厘米，具4棱。种子卵形至长圆形，长约2毫米。

产于华北、华东、华中及西北部分地区。食用、榨油，也可供早春观赏。

观察地点： 松柏园林下等处常见野生。花期4—5月，果期5—6月。

独行菜

诸葛菜（二月蓝）

辣木科 MORINGACEAE

落叶乔木。叶互生，1—3回奇数羽状复叶；小叶对生，全缘；托叶缺或退化。圆锥花序腋生；花两性，两侧对称；花萼管状，不等5裂；花瓣5片，分离，不相等；雄蕊2轮，着生在花盘边缘，花丝分离；雌蕊1枚，子房上位有柄，被长柔毛，1室而具3个侧膜胎座，胚珠多数，花柱1。蒴果长而具喙，有棱3—12条，1室，3瓣裂；种子多数，有翅或无翅。

本科仅1属，12种，分布于非洲和亚洲的热带地区。我国引入栽培的有1种。

辣木 Moringa oleifera（辣木属）

乔木，高3—12米；枝有明显的皮孔及叶痕，小枝有短柔毛。3回羽状复叶，长25—60厘米，羽片基部具腺体；叶柄基部鞘状。花序长10—30厘米；苞片小，线形；花白色，芳香，直径约2厘米，萼片线状披针形，有短柔毛；花瓣匙形；子房有毛。蒴果细长，3瓣裂；种子近球形。

原产于印度。观赏，根、叶和嫩果可食，种子榨油。

观察地点：展览温室。花期全年，果期6—12月。

悬铃木科 PLATANACEAE

落叶乔木，被星状绒毛，树皮苍白色，薄片状剥落。单叶互生，常具掌状脉并掌状分裂；托叶早落。花单性，雌雄同株，成紧密球形，雌雄花序同形；雌花有3—8个离生心皮。果为聚合果，由多数小坚果组成。

本科化石种类丰富，产于北半球，现存1属，分布于北美、欧洲及西亚。我国引种栽培。

法国梧桐 *Platanus orientalis*（悬铃木属）

落叶大乔木，高达30米；嫩枝被黄褐色绒毛，老枝秃净，干后红褐色。叶宽9—18厘米，长8—16厘米，基部浅三角状心形，或近于平截，上部掌状5—7裂，稀为3裂，上下两面初时被灰黄色毛被。花4数。果枝长10—15厘米，有圆球形头状果序3—5个，稀为2个；头状果序直径2—2.5厘米。

原产于欧洲东南部及亚洲西部，我国引种历史悠久。用材、绿化。

观察地点：环保植物园。花果期6—8月。

金缕梅科 HAMAMELIDACEAE

常绿或落叶乔木或灌木；叶常互生，全缘或有齿，或掌状分裂，常有托叶；花杂性或单性同株，头状、穗状或总状花序；花瓣与萼裂片同数；雄蕊4—5，或更多或不定数；子房半下位或下位（稀上位），2室；花柱2；胚珠多数，中轴胎座，或1个。蒴果；种子多数。

本科共27属，约140种，主要分布于亚洲东部。在我国主产于南部，有17属，75种，16变种。

黛安娜间型金缕梅 Hamamelis ×intermedia ‘Diane’（金缕梅属）

落叶大灌木或小乔木，高达5m，分枝松散直立。单叶互生，椭圆形，叶渐尖，上半部有锯齿，灰绿色的。花蕾大，花瓣窄而狭长，紫红色，似蜘蛛状展开，花微香。杂交种。

原产于英国。

观察地点：丁香园北侧。花果期3—4月。

金缕梅 Hamamelis mollis（金缕梅属）

落叶灌木或小乔木。叶纸质或薄革质，阔倒卵圆形，长8—15厘米，先端短急尖，基部不等侧心形，上面有稀疏星状毛，下面密生灰色星状绒毛；边缘有波状钝齿。头状或短穗状花序腋生；萼筒短，与子房合生被星状绒毛；花瓣带状，黄白色；雄蕊4，退化雄蕊4；子房有绒毛，花柱长1—1.5毫米。蒴果卵圆形，长1.2厘米，密被黄褐色星状绒毛。

分布于四川、湖北、安徽、浙江、江西、湖南及广西等省区。

观察地点：本草园。花期5月。

山白树 Sinowilsonia henryi（山白树属）

高约8米。叶纸质或膜质，倒卵形，长10—18厘米，先端急尖，基部圆形或微心形；侧脉7—9对；边缘密生小齿突。雄花总状花序无正常叶片，萼筒极短，萼齿匙形；雄蕊近于无柄。雌花穗状花序长6—8厘米，基部有1—2片叶子；萼筒壶形；退化雄蕊5，子房上位，花柱长3—5毫米。果序长10—20厘米。蒴果先端尖。

分布于湖北、四川、河南、陕西及甘肃等省区。

观察地点：珍稀濒危园。花期3—5月，果期6—8月。

金缕梅

山白树

金粟兰科 CHLORANTHACEAE

草本、灌木或小乔木。单叶对生，具羽状脉，边缘有锯齿；叶柄基部常合生；托叶小。花小，两性或单性，排成穗状、头状或圆锥花序，无花被或在雌花中有萼管；两性花具雄蕊1或3枚，着生于子房一侧；雌蕊1枚，单心皮，子房下位，1室1胚珠，无花柱或有短花柱；单性花雄花多数，雄蕊1枚；雌花少数，有与子房贴生的3齿萼状花被。核果卵形或球形。

本科共5属，约70种，分布于热带和亚热带。我国有3属，16种和5变种。

丝穗金粟兰（四块瓦）Chloranthus fortunei（金粟兰属）

生于山坡或低山林下阴湿处和山沟草丛中。多年生草本，高15—40厘米。叶通常4片生于茎上部，纸质，宽椭圆形，长5—11厘米。穗状花序；花白色，有香气；雄蕊3枚，药隔基部合生，中央药隔具1个2室的花药，两侧药隔各具1个1室的花药，药隔丝状，长1—1.9厘米。核果球形，淡黄绿色。

产于华中、华东至华南，并达台湾。药用。

观察地点：本草园。花期4—5月，果期5—6月。

银线草 Chloranthus japonicus（金粟兰属）

多年生草本，高20—49厘米。叶4片生于茎顶，宽椭圆形或倒卵形，长8—14厘米。穗状花序；花白色；雄蕊3枚，药隔基部连合，着生于子房上部外侧；中央药隔无花药，两侧药隔各有1个1室的花药；药隔延伸成线形，长约5毫米。核果近球形或倒卵形，绿色。

产于东北及华北等地。全株供药用。

观察地点：本草园。花期4—5月，果期5—7月。

丝穗金粟兰

银线草

景天科 CRASSULACEAE

草本、半灌木或灌木，茎叶肥厚肉质。常为单叶，全缘或稍有缺刻，稀浅裂或羽状。聚伞花序或为各式花序，有时单生。花两性，或为单性而雌雄异株，辐射对称，花各部常为5数或其倍数；萼片；花瓣分离，或多少合生；雄蕊1轮或2轮；心皮常与萼片或花瓣同数，分离或基部合生。蓇葖果，稀蒴果。

本科共34属，1500种以上。分布于非洲、亚洲、欧洲、美洲。以我国西南部、非洲南部及墨西哥种类较多。我国有10属，242种。

掌上珠 Kalanchoe gastonis-bonnieri（伽蓝菜属）

多年生肉质植物，叶端易萌生带根的小植株。植株呈肉质灌木状，株高50—60厘米，茎粗约1.2厘米，叶对生，平展，长卵圆形至披针形，叶缘呈浅波状，叶长13.5—16.5厘米，正面、反面被白粉，并具深褐至浅褐色斑纹。聚伞花序高约30厘米，小花钟状，外部淡红色，内部则呈绿色。

原产于非洲东南部的马达加斯加岛。观赏，但花后全株干枯，注意摘除花芽。

观察地点：展览温室。

费菜 Sedum aizoon（景天属）

多年生草本。根状茎短，茎高20—50厘米，不分枝。叶互生，狭披针形至卵状倒披针形，长3.5—8厘米，边缘有不整齐的锯齿；叶近革质。聚伞花序。萼片5，肉质，长3—5毫米；花瓣5，黄色，长圆形至椭圆状披针形，长6—10毫米，有短尖；雄蕊10；鳞片5，心皮5，基部合生。蓇葖星芒状排列，长7毫米。

除青藏高原及华南外，其他各省区均产。药用、观赏。

观察地点：本草园、环保植物园。花期6—7月，果期8—9月。

掌上珠

费菜

海桐花科 PITTOSPORACEAE

常绿乔木或灌木。叶互生或偶对生，多数革质，全缘，稀有齿或分裂，无托叶。花通常两性，有时杂性，辐射对称，稀左右对称，除子房外，花为5数，单生或为花序；花瓣分离或连合；子房上位，心皮2—3个，通常1室或不完全2—5室，倒生胚珠通常多数。蒴果或浆果。

本科共9属，约360种，分布于热带和亚热带。我国只有1属，44种。

海桐 Pittosporum tobira（海桐花属）

高达6米。叶聚生于枝顶，二年生，革质，倒卵形或倒卵状披针形，长4—9厘米。伞形花序顶生或近顶生。花白色，有芳香，后变黄色；萼片卵形，长3—4毫米，被柔毛；花瓣倒披针形，长1—1.2厘米，离生；雄蕊2型；子房长卵形，密被柔毛，侧膜胎座3个，胚珠多数。蒴果圆球形，有棱或呈三角形。

分布于长江以南滨海各地区，内地多为栽培。观赏。

观察地点：展览温室。

虎耳草科 SAXIFRAGACEAE

草本、灌木、小乔木或藤本。单叶或复叶，互生至对生。通常为聚伞状、圆锥状或总状花序，稀单花；花两性，稀单性；花被片4—5基数，稀6—10基数；辐射对称，稀两侧对称，花瓣一般离生；雄蕊5—10，或多数；心皮2，稀3—5，常部分合生；花柱离生或多少合生。蒴果，浆果，小膏葖果或核果。

本科约含17亚科，80属，1200余种，分布极广，几乎遍及全球，主产于温带。我国有28属，约500种，南北均产，主产于西南。

圆锥绣球（水亚木）*Hydrangea paniculata*（绣球属）

灌木或小乔木。叶纸质，对生或轮生，卵形或椭圆形，边缘有锯齿。圆锥状聚伞花序；不育花白色；萼片4，阔椭圆形或近圆形；孕性花萼筒陀螺状，长约1.1毫米，萼齿短三角形，长约1毫米，花瓣白色，卵形或卵状披针形，长2.5—3毫米；子房半下位，花柱3，钻状，柱头小，头状。蒴果椭圆形。

产于华东、华中、华南、西南及甘肃等省区。

观察地点：科研办公区。花期7—8月，果期10—11月。

大花溲疏 Deutzia grandiflora（溲疏属）

高约2米。叶纸质，卵状菱形或椭圆状卵形，长2—5.5厘米，边缘具不整齐锯齿。聚伞花序，花2—3朵；花径2—2.5厘米；萼筒浅杯状，密被灰黄色星状毛；花瓣白色，长圆形，长约1.5厘米；花柱3。蒴果半球形，直径4—5毫米。

产于华北、华中及华东部分地区。生于山坡、山谷和路旁灌丛中。观赏。

观察地点：松柏园。花期4—6月，果期9—11月。

太平花 Philadelphus pekinensis（山梅花属）

灌木，高1—2米。叶卵形或阔椭圆形，先端长渐尖，基部阔楔形或楔形，边缘具锯齿，稀近全缘。总状花序有花5—7朵；花萼黄绿色；花瓣白色，倒卵形，长9—12毫米；雄蕊25—28；柱头棒形或槌形。蒴果近球形或倒圆锥形。

产于华北及华中北部地区。

观察地点：栎园。花期5—7月，果期8—10月。

大花溲疏

太平花

虎耳草 Saxifraga stolonifera（虎耳草属）

多年生草本，高8—45厘米，全株被长腺毛。鞭匐枝细长，具鳞片。基生叶具长柄，叶片近心形、肾形至扁圆形；茎生叶披针形，长约6毫米。聚伞花序圆锥状，长7.3—26厘米，具7—61花；花两侧对称；花瓣白色，中上部具紫红色斑点，基部具黄色斑点，5枚；2心皮下部合生；花柱2。

产于华北、华中、华东和西南。生于林下、灌丛、草甸和荫湿岩隙。

观察地点：展览温室。花果期4—11月。

刺果茶藨子 Ribes burejense（茶藨子属）

高1—1.5（—2）米。小枝着生粗刺，节间密生细针刺。叶宽卵圆形，长1.5—4厘米，掌状3—5深裂。花两性，单生或短总状；花萼筒宽钟形，萼片长圆形或匙形，紫褐色；花瓣匙形或长圆形，长4—5毫米，浅红色或白色；子房具黄褐色小刺。果实圆球形，熟时暗红黑色，具多数黄褐色小刺。

产于东北和华北。生于林下及林缘。果实可食。

观察地点：本草园。花期5—6月，果期7—8月。

虎耳草

刺果茶藨子

多花茶藨子 Ribes multiflorum（茶藨子属）

高达2米；枝粗壮，无刺。叶近圆形，长5—10厘米，基部截形至浅心脏形。花两性，总状花序长5—8厘米；花萼黄绿色；萼筒盆形或浅杯形；花瓣近匙形或倒卵圆形，长1—1.5毫米。果实近球形，直径7—9毫米，暗红色无毛。

原产于欧洲东南部山地。我国华北地区庭园中已引种栽培。

观察地点：木本实验地。花期4—5月，果期6—7月。

欧洲醋栗 Ribes reclinatum（茶藨子属）

高1—1.5米；小枝具1—3枚粗刺，节间有稀疏针刺。叶圆形或近肾形，近革质，长2—4厘米，掌状3—5裂。花两性，短总状或单生；花萼绿白色并染有红色，稀浅红色；花瓣近扇形或宽倒卵圆形，浅绿白色，稀红色；子房梨形具柔毛。果实球形，直径约14毫米，黄绿色或红色。

原产于欧洲。食用、绿化、观赏。

观察地点：野生果树园。花期5—6月，果期7—8月。

多花茶藨子

欧洲醋栗

蔷薇科 ROSACEAE

草本、灌木或乔木，落叶或常绿，有刺或无刺。叶互生，稀对生，单叶或复叶，有明显托叶，稀无托叶。花两性，稀单性。通常整齐，周位花或上位花；萼片和花瓣同数，通常4—5，稀无花瓣，萼片有时具副萼；雄蕊5至多数，稀1或2；心皮1至多数，有时与花托连合。蓇葖果、瘦果、梨果或核果，稀蒴果。

本科约124属，3300余种，分布于全世界，北温带较多。我国约有51属，1000余种，产于全国各地。

东亚唐棣 Amelanchier asiatica（唐棣属）

乔木或灌木。叶片卵形至长椭圆形，边缘有细锐锯齿；托叶膜质，线形，有睫毛，早落。总状花序，下垂；萼筒钟状，外面密被绒毛；花瓣细长，白色；雄蕊15—20；花柱4—5。果实近球形或扁球形，蓝黑色。

产于浙江、安徽、江西。生于山坡、溪旁、混交林中。

观察地点： 蔷薇园。花期4—5月，果期8—9月。

榆叶梅 Amygdalus triloba（桃属）

灌木；具多数短小枝。短枝上的叶常簇生，一年生枝上的叶互生；叶片宽椭圆形至倒卵形，长2—6厘米，先端短渐尖，常3裂，叶边具粗锯齿或重锯齿。花先叶开放，萼片卵形或卵状披针形，无毛；花瓣近圆形或宽倒卵形，粉红色；雄蕊约25—30，短于花瓣；子房密被短柔毛。果实近球形；果肉薄，成熟时开裂。

产于东北、内蒙古、河北、山西、陕西、甘肃、山东、江西、江苏、浙江。主要供观赏。

观察地点： 园区常见栽植。花期4—5月，果期5—7月。

山桃 Amygdalus davidiana（桃属）

乔木。树冠开展，树皮暗紫色，光滑。叶片卵状披针形，叶边具细锐锯齿。花单生，先于叶开放，粉红色；雄蕊多数；子房被柔毛。果实近球形；核球形或近球形，表面具沟纹和孔穴，与果肉分离。

分布区： 产于山东、河北、河南、山西、陕西、甘肃、四川、云南等地区。作砧木、观赏、用材，种仁可食用。

观察地点： 野生果树园、树木园、蔷薇园。花期3—4月，果期7—8月。

榆叶梅

山桃

梅 Armeniaca mume（杏属）

小乔木，高4—10米，小枝绿色。叶片卵形或椭圆形，长4—8厘米，先端尾尖，基部宽楔形至圆形，叶边常具小锐锯齿。花香味浓，先叶开放；花梗短；花萼通常红褐色，有些品种为绿色或绿紫色；萼筒宽钟形；花瓣倒卵形，白色至粉红色；子房密被柔毛。果实近球形，黄色或绿白色，被柔毛。

原产于我国南方。观赏、入药、食用或作砧木。

观察地点：本草园。花期冬春季，果期6—7月。

山杏 Armeniaca sibirica（杏属）

灌木或小乔木。小枝灰褐色或淡红褐色。叶片卵形或近圆形，长5—10厘米，先端长渐尖至尾尖，基部圆形至近心形，叶边有细钝锯齿。花单生，先叶开放；花萼紫红色；萼筒钟形，萼片花后反折；花瓣近圆形或倒卵形，白色或粉红色；子房被短柔毛。果实扁球形，黄色或橘红色，被短柔毛；果成熟时开裂。

产于东北和华北。可作砧木，种仁供药用。

观察地点：蔷薇园。花期3—4月，果期6—7月。

梅

山杏

野杏 Armeniaca vulgaris var. ansu（杏属）

乔木。一年生枝浅红褐色。叶片宽卵形或圆卵形，长5—9厘米，先端急尖至短渐尖，基部圆形至近心形，叶边有圆钝锯齿。花单生，直径2—3厘米，先叶开放；花萼紫绿色；萼筒圆筒形，外面基部被短柔毛；萼片花后反折；花瓣白色或带红色，具短爪；雄蕊约20—45；子房被短柔毛。果实球形，果成熟时不开裂。

产于全国各地，多数为栽培。种仁入药，有止咳祛痰、定喘润肠之效。

观察地点：野生果树园。花期3—4月，果期6—7月。

杏属三种的主要区别：梅 *A. mume* 一年生枝绿色，其他两种红褐色；山杏 *Armeniaca sibirica* 果肉较薄而干燥，成熟时开裂；野杏果肉厚而不开裂。

毛樱桃 Cerasus tomentosa（樱属）

灌木。小枝常灰褐色。叶片卵状椭圆形或倒卵状椭圆形，边有急尖或粗锐锯齿；叶柄较短；托叶线形。花单生或2朵簇生，花叶同开；萼筒管状或杯状，萼片三角卵形；花瓣白色或粉红色；子房常被毛。核果近球形，红色。

产于东北、华北、西北及西南大部分地区。观赏、食用、榨油或入药。

观察地点：珍稀濒危园西侧路边。花期4—5月，果期6—9月。

野杏

毛樱桃

郁李 Cerasus japonica（樱属）

灌木，高1—1.5米。小枝灰褐色，嫩枝绿褐色，分枝常较为铺散。叶片卵形或卵状披针形，长3—7厘米，先端渐尖，边有缺刻状尖锐重锯齿；托叶线形，边有腺齿。花1—3朵，簇生；花梗长5—10毫米；花瓣白色或粉红色，倒卵状椭圆形；雄蕊约32。核果近球形，深红色，直径约1厘米；核表面光滑。

产于黑龙江、吉林、辽宁、河北、山东、浙江。种仁入药。

观察地点： 蔷薇园。花期5月，果期7—8月。

麦李 Cerasus glandulosa（樱属）

灌木，高0.5—1.5米。小枝灰棕色或棕褐色。叶片长圆披针形或椭圆披针形，长2.5—6厘米，基部楔形，边有细钝重锯齿。花单生或2朵簇生；萼筒钟状；花瓣白色或粉红色；雄蕊30枚。核果红色或紫红色，近球形，直径1—1.3厘米。

除东北、西北外，大部分地区有分布。观赏。

观察地点： 宿根花卉园等处。花期3—4月，果期5—8月。

郁李

麦李

皱皮木瓜 Chaenomeles speciosa（木瓜属）

落叶灌木，有刺。叶片卵形至椭圆形，长3—9厘米，先端急尖，基部楔形，边缘有尖锐锯齿；托叶草质，肾形或半圆形。花先叶开放，3—5朵簇生于二年生老枝上；花直径3—5厘米；萼筒钟状，萼片半圆形；花瓣倒卵形或近圆形，长10—15毫米，猩红色、稀淡红色或白色；雄蕊45—50。果实球形或卵球形，直径4—6厘米。

产于陕西、甘肃、四川、贵州、云南、广东。观赏或作绿篱，果实可入药。

观察地点：本草园及环保植物园。花期3—5月，果期9—10月。

日本木瓜 Chaenomeles japonica（=Chaenomeles maulei）（木瓜属）

矮灌木，高约1米，小技粗糙，有细刺。叶片倒卵形、匙形至宽卵形，长3—5厘米，先端圆钝，基部楔形或宽楔形，边缘有圆钝锯齿；托叶肾形有圆齿。花3—5朵簇生，花梗短或近于无梗，无毛；萼筒钟状；萼片卵形，稀半圆形；花瓣倒卵形或近圆形，长约2厘米，砖红色；雄蕊40—60；花柱5，基部合生。果实近球形，直径3—4厘米。

原产于日本。观赏。

观察地点：科研办公区植物园办公楼西侧。花期3—6月，果期8—10月。

皱皮木瓜
日本木瓜

西藏木瓜 *Chaenomeles thibetica*（木瓜属）

灌木或小乔木，高达1.5—3米；通常多刺，刺锥形。叶片革质，卵状披针形或长圆披针形，长6—8.5厘米，先端急尖，基部楔形，全缘；托叶大形，草质，近镰刀形或近肾形，边缘有不整齐锐锯齿。花3—4朵簇生；花柱5，基部合生。果实长圆形或梨形，黄色直径5—9厘米；萼片宿存，反折。

产于西藏、四川西部。

观察地点： 本草园。花期3—6月，果期8—10月。

毛叶水栒子 *Cotoneaster submultiflorus*（栒子属）

灌木。叶片卵形、菱状卵形至椭圆形，长2—4厘米，先端急尖或圆钝，基部宽楔形，全缘；叶柄长4—7毫米，微具柔毛；托叶披针形。花成聚伞花序，总花梗和花梗具长柔毛；苞片线形，有柔毛；萼筒钟状；萼片三角形；花白色；雄蕊15—20，短于花瓣；花柱2，离生；子房先端有短柔毛。果实近球形，亮红色。

产于内蒙古、山西、陕西、甘肃、宁夏、青海、新疆。

观察地点： 蔷薇园。花期5—6月，果期9月。

西藏木瓜

毛叶水栒子

平枝栒子 Cotoneaster horizontalis（栒子属）

落叶或半常绿匍匐灌木。叶片近圆形或宽椭圆形，稀倒卵形，长5—14毫米，先端多数急尖，基部楔形，全缘；叶柄长1—3毫米，被柔毛。花1—2朵，近无梗；子房顶端有柔毛。果实近球形，鲜红色。

产于陕西、甘肃、湖北、湖南、四川、贵州、云南。观赏。

观察地点：蔷薇园、本草园。花期5—6月，果期9—10月。

甘肃山楂 Crataegus kansuensis（山楂属）

灌木或乔木。枝刺多，长约7—15毫米。叶片宽卵形，长4—6厘米，先端急尖，基部截形；叶柄细。伞房花序，具花8—18朵；总花梗和花梗均无毛；萼筒钟状；花瓣近圆形，白色；雄蕊15—20；花柱2—3，子房顶端被绒毛，柱头头状。果实近球形，红色或橘黄色，萼片宿存。

产于甘肃、山西、河北、陕西、贵州、四川。

观察地点：野生果树园。花期5月，果期7—9月。

平枝栒子

甘肃山楂

山里红 *Crataegus pinnatifida* var. *major*（山楂属）

落叶乔木，高达6米；刺长约1—2厘米，有时无刺。叶片宽卵形或三角状卵形，长5—10厘米，先端短渐尖，基部截形至宽楔形。伞房花序具多花，总花梗和花梗均被柔毛；萼筒钟状，外面密被灰白色柔毛；花瓣倒卵形或近圆形，长7—8毫米，白色；雄蕊20；花柱3—5。果实近球形或梨形，深红色。

产于东北及华北。果树。

观察地点：本草园、野生果树园。花期5—6月，果期9—10月。

榅桲 *Cydonia oblonga*（榅桲属）

灌木或小乔木。叶片卵形至长圆形，长5—10厘米，先端急尖至微凹，基部圆形或近心形。花单生；花直径4—5厘米；花瓣倒卵形，长约1.8厘米，白色；雄蕊20；花柱5，离生。果实梨形，直径3—5厘米，密被短绒毛，黄色，有香味。

原产于中亚。果可食或药用，可作苹果和梨类砧木。

观察地点：野生果树园西侧。花期4—5月，果期10月。

蛇莓 Duchesnea indica（蛇莓属）

多年生草本；匍匐茎多数。小叶片倒卵形至菱状长圆形，先端圆钝，边缘有钝锯齿。花单生于叶腋；直径1.5—2.5厘米；萼片卵形，先端锐尖；副萼片倒卵形，比萼片长，先端常具3—5锯齿；花瓣倒卵形，黄色，先端圆钝；雄蕊20—30；心皮多数，离生；花托在果期膨大，海绵质，鲜红色。瘦果卵形。

产于辽宁以南各省区。生于山坡、河岸、草地、潮湿的地方。全草可作药用。

观察地点：园内常见野生。花期6—8月，果期8—10月。

白鹃梅 Exochorda racemosa（白鹃梅属）

灌木，高达3—5米。叶片椭圆形，长椭圆形至长圆倒卵形，长3.5—6.5厘米，先端圆钝或急尖，基部楔形或宽楔形，全缘，稀中部以上有钝锯齿。总状花序，有花6—10朵；花直径2.5—3.5厘米；花瓣倒卵形，长约1.5厘米，先端钝，白色。

产于河南、江西、江苏、浙江。生于山坡阴地。观赏。

观察地点：桑榆园、蔷薇园。花期5月，果期6—8月。

蛇莓
白鹃梅

齿叶白鹃梅 Exochorda serratifolia（白鹃梅属）

落叶灌木，高达2米。叶片椭圆形或长圆倒卵形，长5—9厘米，先端急尖或圆钝，基部楔形或宽楔形，中部以上有锐锯齿，下面全缘。总状花序，有花4—7朵；花直径3—4厘米；花瓣长圆形至倒卵形，先端微凹，基部有长爪，白色。

产于辽宁、河北。

观察地点：蔷薇园。花期5—6月，果期7—8月。

与白鹃梅的主要区别：本种叶中部以上有锐锯齿。

棣棠花 Kerria japonica（棣棠花属）

落叶灌木，高1—2米；小枝绿色，圆柱形。叶三角状卵形或卵圆形，顶端长渐尖，边缘有尖锐重锯齿。单花，生当年侧枝顶端；花直径2.5—6厘米；萼片全缘，果时宿存；花瓣黄色，宽椭圆形，顶端下凹。瘦果倒卵形至半球形，褐色或黑褐色，有皱褶。

产于华北、华中、华东、西南。生山坡灌丛中。观赏、药用。

观察地点：本草园、栎园。花期4—6月，果期6—8月。

齿叶白鹃梅

棣棠花

楸子 Malus prunifolia（苹果属）

小乔木，高达3—8米。叶片卵形或椭圆形，长5—9厘米，先端渐尖或急尖，基部宽楔形，边缘有细锐锯齿。花4—10朵，近伞形花序，花梗被短柔毛；花直径4—5厘米；萼筒外面被柔毛；萼片比萼筒长；花瓣倒卵形或椭圆形，长约2.5—3厘米，白色，含苞未放时粉红色；雄蕊20；花柱4(5)。果实卵形，红色。

华北、华中部分省区野生或栽培。

观察地点：野生果树园东侧。花期4—5月，果期8—9月。

新疆野苹果 Malus sieversii（苹果属）

乔木。叶片卵形、宽椭圆形，先端急尖，基部楔形，边缘具圆钝锯齿。花序近伞形，具花3—6朵。花梗较粗，密被白色绒毛；花粉色，含苞未放时带玫瑰紫色；雄蕊20；花柱5。果实球形或扁球形，直径3—4.5厘米，黄绿色有红晕。

产于新疆西部海拔1250米的山顶、山坡或河谷地带。作苹果砧木。

观察地点：珍稀濒危园。花期5月，果期8—10月。

楸子
新疆野苹果

稠李 Padus racemosa（稠李属）

乔木。叶片椭圆形至长圆倒卵形，先端尾尖。总状花序具有多花，长7—10厘米，基部通常有2—3叶；花直径1—1.6厘米；萼筒钟状；花瓣白色，比雄蕊长近1倍；雄蕊多数。核果卵球形，顶端有尖头，直径8—10毫米，红褐色至黑色。

产于东北、华北等地区。生于海拔880—2500米的山坡、山谷或灌丛中。

观察地点：野生果树园。花期4—5月，果期5—10月。

紫叶稠李 Padus virginiana‘Schubert’（稠李属）

落叶乔木，高可达20米。叶片卵形，长3—10厘米，宽2—4.5厘米，边缘有不规则锐锯齿，初时绿色，后变紫红。密集总状花序具15—30花；花瓣白色，皱缩，基部有短爪。核果卵球形，直径10毫米，红色至紫红色。

产于北美中部地区，我国引种。

观察地点：实验地及蔷薇园。花期4—5月，果期5—10月。

稠李

紫叶稠李

无毛风箱果 Physocarpus opulifolius（风箱果属）

灌木，高达3米。叶片三角卵形至宽卵形，先端急尖或渐尖，基部楔形至宽楔形，通常基部3裂，稀5裂，边缘有钝锯齿。花序伞形总状，总花梗和花梗无毛；萼筒杯状；花瓣倒卵形，长约4毫米，先端圆钝，白色；雄蕊20—30，着生在萼筒边缘；心皮2—4，外被星状柔毛，花柱顶生。蓇葖果膨大，卵形，无毛。

原产于北美。

观察地点：蔷薇园。花期6月，果期7—8月。

小叶金露梅 Potentilla fruticosa（委陵菜属）

灌木。羽状复叶，有小叶2对，稀3小叶；小叶长圆形至卵状披针形，长0.7—2厘米，顶端急尖或圆钝，基部楔形，边缘全缘。顶生单花或数朵；花直径2—3厘米；萼片卵形，顶端急尖，副萼片披针形，顶端渐尖或急尖；花瓣黄色，顶端圆钝；花柱近基生，棒状，基部稍细，在柱头下缢缩，柱头扩大。瘦果表面被毛。

产于东北、华北、西北及西南。

观察地点：宿根花卉园。花果期6—8月。

无毛风箱果

小叶金露梅

东北扁核木 Prinsepia sinensis（扁核木属）

小灌木，高约2米，多分枝；枝刺直立或弯曲，6—10毫米。叶互生，稀丛生，叶片卵状披针形或披针形，长3—6.5厘米，全缘或有稀疏锯齿。花1—4朵，簇生于叶腋；花直径约1.5厘米；花瓣黄色，先端圆钝，基部有短爪；雄蕊10；花柱侧生。核果直径1—1.5厘米，红紫色或紫褐色。

产于东北三省。生于杂木林或山坡开阔处。

观察地点： 本草园、栎园。花期3—4月，果期8月。

蕤(ruí)核 Prinsepia uniflora（扁核木属）

灌木，高1—2米；老枝紫褐色，树皮光滑；小枝灰绿色或灰褐色，无毛或有极短柔毛；枝刺钻形，长0.5—1厘米，无毛，刺上不生叶。叶互生或丛生，近无柄；叶片长圆披针形或狭长圆形，常全缘。花单生或2—3朵；花直径8—10毫米；花瓣白色，有紫色脉纹，有短爪；心皮1，花柱侧生。核果球形。

产于河南、山西、陕西、内蒙古、甘肃和四川等省区。可用于绿化点缀。

观察地点： 水生与藤本园。花期4—5月，果期8—9月。

东北扁核木

蕤(ruí)核

木香花 Rosa banksiae（蔷薇属）

攀援小灌木，高可达6米；老枝上的皮刺较大。小叶3—5，稀7，连叶柄长4—6厘米；小叶片卵形或长圆披针形，长2—5厘米，先端急尖或稍钝；托叶早落。花小型，多朵成伞形花序，径1.5—2.5厘米；花瓣重瓣至半重瓣，白色。

产于四川、云南。观赏、提芳香油。

观察地点： 蔷薇园小水池附近廊架。花期4—5月。

七姊妹 Rosa multiflora var. carnea（蔷薇属）

匍散攀援灌木。小叶5—9，近顶部有时3，连叶柄长5—10厘米；小叶片倒卵形、长圆形或卵形，长1.5—5厘米，先端急尖或圆钝，边缘有尖锐单锯齿；托叶篦齿状。圆锥状花序，有时花基部有篦齿状小苞片。果近球形，萼片脱落。

产于河北、山东、河南等地山区，全国各地栽培。

观察地点： 本草园。花期5—6月，果期9—10月。

木香花

七姊妹

单瓣黄刺玫 Rosa xanthina f. normalis（蔷薇属）

直立灌木，高2—3米；枝粗壮，有散生皮刺。小叶7—13；小叶片宽卵形，边缘有圆钝锯齿。花单生于叶腋，黄色，无苞片；花直径3—4(—5）厘米；花瓣5，黄色，宽倒卵形；花柱离生。果近球形或倒卵圆形，花后萼片反折。

产于东北、华北。生于向阳山坡或灌木丛中。

观察地点：蔷薇园。花期4—6月，果期7—8月。

黄蔷薇 Rosa hugonis（蔷薇属）

矮小灌木。枝粗壮，皮刺扁平，常混生细密针刺。小叶5—13，连叶柄长4—8厘米；小叶片卵形至椭圆形，长8—20毫米，边缘有锐锯齿；托叶狭长，大部贴生于叶柄。花单生于叶腋，无苞片；花瓣黄色；花柱离生。果实扁球形。

产于西北及秦岭附近。生于海拔600—2300米的山坡向阳处、灌丛中。

观察地点：蔷薇园。花期5—6月，果期7—8月。

单瓣黄刺玫

黄蔷薇

鸡麻 Rhodotypos scandens（鸡麻属）

高0.5—2米，稀达3米。小枝紫褐色。叶卵形，长4—11厘米，边缘有尖锐重锯齿；托叶早落。单花顶生；花直径3—5厘米；萼卵状椭圆形，边缘有锐锯齿；花瓣白色，倒卵形，比萼片长。核果1—4，黑色或褐色。

产于华北、华东至秦岭以南的华中地区。观赏，根和果入药。

观察地点： 蔷薇园、树木园。花期4—5月，果期6—9月。

三裂绣线菊 Spiraea trilobata（绣线菊属）

高1—2米；小枝细瘦，稍呈之字形弯曲。叶片近圆形，长1.7—3厘米，先端钝，常3裂。伞形花序具总梗，有花15—30朵；花直径6—8毫米；花瓣宽倒卵形，先端常微凹，长与宽各2.5—4毫米；雄蕊18—20。蓇葖果开张，具直立萼片。

产于东北、华北及华中部分地区。观赏、鞣料。

观察地点： 蔷薇园。花期5—6月，果期7—8月。

鸡麻

三裂绣线菊

石蚕叶绣线菊 Spiraea chamaedryfolia（绣线菊属）

高1—1.5米；小枝褐色。叶片宽卵形，长2—4.5厘米，宽1—3厘米，先端急尖，边缘有细锐单锯齿和重锯齿。花序伞形总状，有花5—12朵；花直径6—9毫米；花瓣白色；雄蕊35—50。蓇葖果直立，萼片常反折。

产于东北、华北及新疆。观赏、蜜源。

观察地点： 蔷薇园。花期5—6月，果期7—9月。

蒙古绣线菊 Spiraea mongolica（绣线菊属）

高达3米；小枝细瘦，红褐色。叶片长圆形或椭圆形，长8—20毫米，先端圆钝或微尖，基部楔形，全缘。伞形总状花序具总梗，有花8—15朵；花瓣近圆形，先端钝，稀微凹，白色；雄蕊18—25。蓇葖果直立开张，具直立或反折萼片。

产于华北、西北及西南等地区。

观察地点： 蔷薇园。花期5—7月，果期7—9月。

石蚕叶绣线菊

蒙古绣线菊

豆科 FABACEAE

乔木、灌木（亚灌木）或草本。常绿或落叶，叶常互生，一或二回羽状复叶，少数为掌状复叶、三小叶或单叶。花辐射或两侧对称，常排成总状花序、聚伞、穗状、头状或圆锥花序；花瓣分离或连合成管，有时构成蝶形或假蝶形花冠；雄蕊常10枚，有时5枚或多数，单体或二体雄蕊，单心皮，稀较多且离生，子房上位，侧膜胎座。荚果。

本科约650属，18 000种，全球都有广泛分布。我国有172属，约1500种，各地区均有。

金合欢 Acacia farnesiana（金合欢属）

灌木或小乔木。托叶刺状，长1—2厘米。复叶长2—7厘米；羽片4—8对，长1.5—3.5厘米；小叶通常10—20对，无毛。头状花序簇生于叶腋，直径1—1.5厘米；总花梗被毛，长1—3厘米；花黄色，有香味；花萼5齿裂；花瓣连合呈管状，5齿裂；子房圆柱状，被微柔毛。荚果近圆柱状，长3—7厘米。种子褐色，卵形。

原产于热带美洲，现广布于热带和亚热带地区。绿篱、木材、药用。

观察地点：展览温室。花期3—6月；果期7—11月。

紫穗槐 Amorpha fruticosa（紫穗槐属）

灌木。小枝被疏毛。叶互生，奇数羽状复叶，长10—15厘米，有小叶11—25片，基部有线形托叶；小叶先端有一短而弯曲的尖刺。穗状花序密被短柔毛；旗瓣心形，紫色，无翼瓣和龙骨瓣；雄蕊10，伸出花冠外。荚果长6—10毫米，微弯曲，棕褐色，表面有疣状腺点。

原产于美国东北部和东南部。枝叶作绿肥、饲料，也作护堤防沙、防风固沙植物。

观察地点： 蔷薇园。花果期5—10月。

红花羊蹄甲 Bauhinia variegata（羊蹄甲属）

落叶乔木。树皮暗褐色，近光滑。叶近革质，广卵形至近圆形，长5—9厘米，基部浅至深心形。总状花序侧生或顶生，被灰色短柔毛；花大，近无梗；花蕾纺锤形；花瓣倒卵形或倒披针形，长4—5厘米，具瓣柄，紫红色或淡红色；能育雄蕊5，子房具柄，被柔毛。荚果长15—25厘米，具长柄及喙。种子近圆形。

产于我国南部。观赏，蜜源植物，木材坚硬。

观察地点： 展览温室。花期全年，3月最盛。

紫穗槐

红花羊蹄甲

小叶锦鸡儿 Caragana microphylla（锦鸡儿属）

灌木，高1—2（—3）米；老枝深灰色或黑绿色，嫩枝被毛。羽状复叶有5—10对小叶；小叶倒卵形或倒卵状长圆形，长3—10毫米，先端圆或钝，具短刺尖，幼时被短柔毛。花梗长约1厘米，近中部具关节，被柔毛；花冠黄色，长约25毫米；子房无毛。荚果圆筒形，稍扁，长4—5厘米，具锐尖头。

产于东北、华北。作固沙和水土保持植物。

观察地点：蔷薇园。花期5—6月，果期7—8月。

望江南 Cassia occidentalis（决明属）

亚灌木或灌木。叶长约20厘米；叶柄近基部有腺体1枚；小叶4—5对，膜质，卵形至卵状披针形，长4—9厘米，顶端渐尖；托叶早落。伞房状总状花序，腋生和顶生；花瓣黄色，雄蕊7枚发育，3枚不育。荚果带状镰形，褐色，长10—13厘米，种子30—40颗。

原产于美洲热带，现广泛分布于热带和亚热带地区。全草可入药。

观察地点：展览温室。花期4—8月，果期6—10月。

小叶锦鸡儿

望江南

紫荆 Cercis chinensis（紫荆属）

灌木，高2—5米；树皮灰白色。叶纸质，近圆形，先端急尖，基部心形。花紫红色或粉红色，簇生于老枝和主干上，通常先于叶开放；龙骨瓣位于外侧基部具深紫色斑纹；荚果扁狭长形，绿色，长4—8厘米，翅宽约1.5毫米，先端急尖或短渐尖；果颈长2—4毫米；种子2—6颗，阔长圆形，长5—6毫米，黑褐色。

产于我国东南部。常见栽培。观赏，树皮和花可入药。

观察地点：本草园、蔷薇园。花期3—4月；果期8—10月。

鱼鳔槐 Colutea arborescens（鱼鳔槐属）

落叶灌木。高1—4米。羽状复叶有7—13片小叶；小叶上面绿色，下面灰绿色，薄纸质。总状花序长达5—6厘米，生6—8花；苞片卵状披针形，先端钝尖；花梗长约1厘米；花冠鲜黄色；子房密被短柔毛，花柱弯曲，先端内卷。荚果长卵形，长6—8厘米，带绿色或近基部稍带红色；种子扁，近黑色至绿褐色。

原产于欧洲。观赏。

观察地点：水生与藤本园。花期5—7月，果期7—10月。

紫荆

鱼鳔槐

山皂荚 Gleditsia japonica（皂荚属）

乔木。小枝紫褐色，具白色皮孔；刺略扁。一回或二回羽状复叶；小叶3—10对，纸质至厚纸质；花黄绿色，组成穗状花序；胚珠多数。荚果带形，长20—35厘米，不规则旋扭或镰刀状。种子多数，椭圆形。

产于辽宁、河北、山东、河南、江苏、安徽、浙江、江西、湖南。常见栽培。果实可代肥皂，并可作染料，种子入药，嫩叶可食；木材。

观察地点： 本草园。花期4—6月，果期6—11月。

皂荚 Gleditsia sinensis（皂荚属）

乔木。刺粗壮，长达16厘米。一回羽状复叶，小叶(2)3—9对，纸质，卵状披针形至长圆形；花杂性，黄白色，组成总状花序；花序腋生或顶生，被短柔毛；荚果带状，长12—37厘米，果肉稍厚；种子长圆形或椭圆形。

分布于华中、华东、华南及西南地区。木材坚硬；荚果煎汁可代肥皂，荚、子、刺均入药。

观察地点： 环保植物园。花期3—5月，果期5—12月。

甘草 Glycyrrhiza uralensis（甘草属）

多年生草本；根与根状茎粗壮，里面淡黄色，具甜味。茎直立，高30—120厘米，叶长5—20厘米；小叶5—17枚，卵形、长卵形或近圆形，长1.5—5厘米，上面暗绿色，下面绿色，顶端钝，具短尖。总状花序腋生；花冠紫色、白色或黄色，长10—24毫米。荚果呈镰刀状或呈环状，密集成球。

产于东北、华北、西北各地区及山东。根和根状茎供药用。

观察地点：本草园。花期6—8月，果期7—10月。

铃铛刺 Halimodendron holodendron（铃铛刺属）

灌木，高0.5—2米。树皮暗灰褐色；叶轴宿存，呈针刺状；小叶倒披针形，长1.2—3厘米，顶端圆或微凹。总状花序生2—5花；花长1—1.6厘米；小苞片钻状，长约1毫米；花萼长5—6毫米，密被长柔毛；子房无毛，有长柄。荚果长1.5—2.5厘米，背腹稍扁，先端有喙，基部偏斜，裂瓣通常扭曲；种子小，微呈肾形。

产于内蒙古西北部和新疆、甘肃。可固沙和改良盐碱土。可作改良盐碱土和固沙植物，并可栽培作绿篱。

观察地点：水生与藤本园。花期7月，果期8月。

甘草

铃铛刺

花木蓝 Indigofera kirilowii（木蓝属）

小灌木，高30—100厘米。茎圆柱形，无毛。羽状复叶长6—15厘米；小叶（2—）3—5对，长1.5—4厘米；小托叶钻形，长2—3毫米，宿存。总状花序长5—12厘米；花冠淡红色，花瓣近等长；子房无毛。荚果圆柱形。

产于东北和华北。

观察地点：本草园。花期5—7月，果期8月。

刺槐 Robinia pseudoacacia（刺槐属）

乔木。树皮浅裂至深纵裂。具托叶刺，长达2厘米；羽状复叶长10—25（—40）厘米；小叶2—12对，全缘，总状花序，花序腋生；花冠白色；雄蕊二体；子房线形。荚果线状长圆形；花萼宿存，种子肾形。

原产于美国东部。我国各地广泛栽植。用材，蜜源植物。

观察地点：蔷薇园。花期4—6月，果期8—9月。

苦参 *Sophora flavescens*（槐属）

草本或亚灌木。茎具纹棱。羽状复叶长达25厘米；托叶披针状线形，长约6—8毫米；小叶6—12对，互生或近对生，纸质。总状花序顶生；花冠白色或淡黄白色。荚果长5—10厘米，种子1—5粒。

产于我国南北各地区。根入药。

观察地点：本草园。花期6—8月，果期7—10。

槐树（国槐）*Sophora japonica*（槐属）

乔木。树皮具纵裂纹。当年生枝绿色。羽状复叶长达25厘米；小叶4—7对，对生或近互生，纸质；小托叶2枚，钻状。圆锥花序顶生；花冠白色或淡黄色。荚果串珠状，成熟后不开裂，具种子1—6粒；种子卵球形。

原产于中国，现南北各地区广泛栽培。作行道树和蜜源植物。

观察地点：园区常见栽培。花期7—8月，果期8—10月。

苦参
槐树（国槐）

白刺花 Sophora davidii（槐属）

灌木或小乔木。羽状复叶；托叶钻状，部分变成刺；小叶5—9对。总状花序着生于小枝顶端；花冠白色或淡黄色；雄蕊10，等长；子房比花丝长，密被黄褐色柔毛，胚珠多数，荚果非典型串珠状，稍压扁，有种子3—5粒。

产于华北、华中、西南、华东。保持树种，也可供观赏。

观察地点：蔷薇园。花期3—8月，果期6—10月。

大花野豌豆 Vicia bungei（野豌豆属）

一二年生缠绕或匍匐伏草本，高15—40厘米。茎有棱，多分枝；托叶半箭头形，有锯齿；小叶3—5对，长圆形或狭倒卵长圆形。总状花序；花2—4朵，着生于花序轴顶端，萼钟形，被疏柔毛，萼齿披针形；花冠红紫色或金蓝紫色。荚果扁长圆形，长2.5—3.5厘米。种子2—8，球形。

产于东北、华北、西北、华东及西南。生于山坡、谷地、草丛、田边及路旁。

观察地点：园区内草坪常见。花期4—5月，果期6—7月。

白刺花

大花野豌豆

大野豌豆 *Vicia gigantea*（野豌豆属）

多年生草本，高40—100厘米。灌木状，全株被白色柔毛。茎有棱，多分支，被白柔毛。偶数羽状复叶，托叶2深裂，裂片披针形；小叶3—6对，近互生。总状花序长于叶，具花6—16朵；花冠白色，粉红色；花萼钟状。荚果长圆形或菱形，长1—2厘米。种子2—3，肾形。

产于华北、华中、西南等地区。生于林下、河滩、草丛及灌丛。

观察地点： 园内野生。花期6—7月，果期8—10月。

多花紫藤 *Wisteria floribunda*（紫藤属）

木质藤本。茎右旋。羽状复叶长20—30厘米；托叶线形，早落；小叶5—9对，薄纸质，卵状披针形。总状花序，花序长30—90厘米；花序轴密生白色短毛；苞片披针形，早落；花萼杯状；花冠紫色至蓝紫色；子房线形，密被绒毛，胚珠8粒。荚果倒披针形，密被绒毛，有种子3—6粒；种子紫褐色，扁圆形。

原产于日本，我国各地有栽培。观赏。

观察地点： 珍稀濒危园。花期4月下旬至5月中旬，果期5—7月。

大野豌豆
多花紫藤

酢浆草科 OXALIDACEAE

一年生或多年生草本，极少木本。指状、羽状复叶或单叶，基生或茎生。花两性，辐射对称；萼片5；花瓣5；雄蕊10枚，2轮；雌蕊由5枚合生心皮组成，子房上位，5室，每室有1至数颗胚珠，中轴胎座，花柱5枚，离生，宿存，柱头通常头状，有时浅裂。果为开裂的蒴果或为肉质浆果。种子通常为肉质、干燥时产生弹力的外种皮，或极少具假种皮、胚乳肉质。

本科共7—10属，1 000余种，其中酢浆草属约800种。主产于南美洲，次为非洲，亚洲极少。

我国有3属，约10种，分布于南北各地区。其中阳桃属是已经驯化了的引进栽培乔木，是我国南方木本水果之一。

酢浆草 Oxalis corniculata（酢浆草属）

草本，高10—35厘米，全株被柔毛。叶柄长1—1.3厘米，基部具关节；小叶3，无柄，倒心形，长4—16毫米，先端凹入，常被柔毛。花单生或数朵集为伞形花序状；花瓣5，黄色；雄蕊10。蒴果长圆柱形，长1—2.5厘米，5棱。

全国广泛分布。生于路边、田边、荒地或林下阴湿处。全草可入药。

观察地点：各处常见野生。花果期2—9月。

牻牛儿苗科 GERANIACEAE

草本，稀为亚灌木或灌木。叶互生或对生，掌状或羽状分裂，具托叶。聚伞花序，稀花单生；花两性，整齐，辐射对称或稀为两侧对称；萼片通常5或稀为4；花瓣5或稀为4；雄蕊10—15，2轮，外轮与花瓣对生；蜜腺通常5，与花瓣互生；子房上位，心皮2—3—5，通常3—5室，每室具1—2倒生胚珠。果实为蒴果。

本科共11属，约750种。广泛分布于温带、亚热带和热带山地。我国有4属，约67种。

香叶天竺葵 *Pelargonium graveolens*（天竺葵属）

多年生草本或灌木状。茎直立，基部木质化，上部肉质，有香味。叶互生；叶柄与叶片近等长，被柔毛；叶片近圆形，基部心形，掌状5—7裂。伞形花序与叶对生，具花5—12朵；花瓣玫瑰色或粉红色，先端钝圆，上面2片较大；雄蕊与萼片近等长，下部扩展；心皮被茸毛。蒴果长约2厘米。

原产于非洲南部，广泛栽培。

观察地点： 展览温室。花期5—7月，果期8—9月。

蒺藜科 ZYGOPHYLLACEAE

多年生草本、半灌木或灌木，稀一年生草本。单叶或羽状复叶，小叶常对生，肉质。花两性，辐射对称或两侧对称；萼片5，有时4；花瓣4—5；雄蕊与花瓣同数，或比花瓣多1—3倍。分果、蒴果，或核果。

本科约27属，350种，分布于热带、亚热带和温带，主要在亚洲、非洲、欧洲、美洲和澳大利亚。我国有6属，31种，主要生于西北干旱区，抗干旱性极强。

蒺藜 Tribulus terrester（蒺藜属）

一年生草本。茎平卧，无毛或被毛，枝长达60厘米。偶数羽状复叶，长1.5—5厘米；小叶对生，3—8对，矩圆形或斜短圆形，长5—10毫米，全缘。花黄色；花瓣5；雄蕊10，子房5棱。果有分果瓣5，硬，长4—6毫米，中部边缘有锐刺2枚，下部常有小锐刺2枚，其余部位常有小瘤体。

全国各地有分布。生于荒地、山坡等处。药用。

观察地点：常见野生杂草。花期5—8月，果期6—9月。

亚麻科 LINACEAE

通常为草本，稀灌木。单叶，全缘，互生或对生。聚伞花序；花整齐，两性，4—5数；花瓣辐射对称或螺旋状，常早落；雄蕊与花被同数或为其2—4倍，花丝基部扩展，合生成筒或环；子房上位。果实为室背开裂的蒴果或为含1粒种子的核果。

本科约12属，300余种，全世界广泛分布，但主要分布于温带。我国4属，14种，全国广泛分布，亚热带多为木本习性，而温带，特别是干旱和高寒地区常为草本习性。

石海椒 Reinwardtia indica（石海椒属）

小灌木，高达1米。树皮灰色。叶纸质，椭圆形或倒卵状椭圆形，长2—8.8厘米，全缘或有圆齿状锯齿。花序顶生或腋生，或单花腋生；花直径1.4—3厘米；同一植株上的花的花瓣有5片有4片，黄色，分离，旋转排列，长1.7—3厘米。蒴果球形，3裂，每裂瓣有种子2粒；种子具膜质翅。

分布于华中、华南至西南，林下、山坡灌丛等潮湿处。观赏、药用。

观察地点：展览温室。花果期4月至转年1月。

大戟科 EUPHORBIACEAE

乔木、灌木或草本；木质根，稀肉质块根；通常无刺；常有乳状汁液。叶互生（稀对生或轮生），单叶（稀复叶）；具羽状脉或掌状脉。花单性，雌雄同株或异株，通常为聚伞或总状花序（或杯状花序）；花瓣有或无；雄蕊1枚至多数，花丝分离或合生成柱状；子房上位，3室。果为蒴果，或为浆果状或核果状。

本科约300属，5000种，广泛分布于全球，主产于热带和亚热带地区。我国有70多属，约460种，分布于全国各地。

铁苋菜 *Acalypha australis*（铁苋菜属）

一年生草本，高0.2—0.5米。叶膜质，长卵形、近菱状卵形或阔披针形，长3—9厘米，顶端短渐尖，基部楔形，边缘具圆锯，上面无毛，下面沿中脉具柔毛；基出脉3条，侧脉3对。雌雄花同序，花序腋生，稀顶生，长1.5—5厘米。蒴果具3个分果爿，果皮具疏生毛和毛基变厚的小瘤体；种子近卵状。

我国大部分省区均产。

观察地点：园区常见杂草。花果期4—12月。

变叶木 *Codiaeum variegatum*（变叶木属）

灌木或小乔木，高达2米。枝条无毛，有明显叶痕。叶薄革质，形状大小变异很大。长5—30厘米，顶端短尖、渐尖至圆钝，叶边全缘、浅裂至深裂，两面无毛，绿色、淡绿色、紫红色、散生黄色或金黄色斑点或斑纹；叶柄长0.2—2.5厘米。总状花序腋生，雌雄同株异序，长8—30厘米。蒴果近球形。

原产于亚洲马来半岛至大洋洲；现广泛栽培。观叶。

观察地点：展览温室。花期9—10月。

齿裂大戟 *Euphorbia dentata*（大戟属）

一年生草本。茎单一，上部多分枝，高20—50厘米。叶对生，线形至卵形，长2—7厘米，先端尖或钝，基部渐狭；边缘全缘、浅裂至波状齿裂；叶两面被毛或无毛；总苞叶2—3枚；苞叶数枚。花序数枚，聚伞状生于分枝顶部。雄花数枚，伸出总苞之外；雌花1枚；子房球状。蒴果扁球状。

原产于北美，近年发现已归化于我国北京。

观察地点：园区常见杂草。我园花果期7—10月。

变叶木

齿裂大戟

银边翠 *Euphorbia marginata*（大戟属）

一年生草本。茎单一，自基部向上极多分枝，高达60—80厘米。叶互生，椭圆形，长5—7厘米，全缘；无柄或近无柄；总苞叶2—3枚，椭圆形，长3—4厘米。全缘，绿色具白色边；伞幅2—3，长1—4厘米；花序单生或数个聚伞状着生；总苞钟状，高5—6毫米。雄花多数，伸出总苞外；雌花1枚。蒴果近球状。

原产于北美，广泛栽培。观赏。

观察地点： 宿根花卉园。我园花果期6—9月。

霸王鞭 *Euphorbia royleana*（大戟属）

肉质灌木，具丰富的乳汁。茎高5—7米，上部具数个分枝，幼枝绿色；茎与分枝具5—7棱，每棱均有微隆起的棱脊，脊上具波状齿。叶互生，密集于分枝顶端，倒披针形至匙形，长5—15厘米，先端钝或近平截，基部渐窄，边缘全缘；托叶刺状，长3—5毫米，宿存。花序二歧聚伞状。蒴果三棱状，直径1.5厘米。

分布于广西（西部）、四川和云南。全株及乳汁入药。

观察地点： 展览温室。花果期5—7月。

银边翠

霸王鞭

一叶萩 Flueggea suffruticosa（白饭树属）

灌木，高1—3米，多分枝；小枝浅绿色，有棱槽；全株无毛。叶片纸质，椭圆形或长椭圆形，顶端急尖至钝，基部钝至楔形，全缘或有不整齐的波状齿或细锯齿。雌雄异株，簇生于叶腋；雄花3—18朵簇生；萼片通常5；雄蕊5；雌花萼片5，近全缘；子房卵圆形。蒴果三棱状扁球形，熟时淡红褐色。

除西北尚未发现外，全国各地区均有分布。花和叶供药用。

观察地点：蔷薇园、本草园。花期3—8月，果期6—11月。

芸香科 RUTACEAE

常绿或落叶乔木，灌木或草本，稀攀援。常有油点，无托叶。叶互生或对生。单叶或复叶。花两性或单性，稀杂性，辐射对称（稀两侧对称）；聚伞花序，稀总状或穗状花序，少单花；萼片4或5；花瓣4或5，离生；雄蕊4或5枚；雌蕊通常由4或5个心皮组成，离生或合生，子房上位，花柱分离或合生，中轴胎座，稀侧膜胎座，果为蓇葖、蒴果、翅果、核果，或具革质果皮、或具翼、或果皮稍近肉质的浆果。

本科约150属，1600种。全世界分布，主产于热带和亚热带，少数分布至温带。我国连引进栽培的共28属，约151种、28变种，分布于全国各地，主产于西南和南部。

柚 Citrus maxima（柑橘属）

乔木。叶质颇厚，色浓绿，阔卵形或椭圆形，连翼叶长9—16厘米，顶端钝或圆，有时短尖，基部圆，翼叶长2—4厘米。总状花序，有时兼有腋生单花；花蕾淡紫红色，稀乳白色；花萼不规则3—5浅裂；雄蕊25—35枚，有时部分雄蕊不育。果圆球形、扁圆形、梨形或阔圆锥状，横径通常10厘米以上，淡黄或黄绿色。

产于长江以南各地，全为栽培。传统果树。

观察地点：展览温室。花期4—5月，果期9—12月。

臭檀吴萸 *Evodia daniellii*（吴茱萸属）

落叶乔木。高达20米。叶有小叶5—11片，小叶纸质，阔卵形或卵状椭圆形，长6—15厘米，散生少数油点或油点不显，叶缘有细钝裂齿；小叶柄长2—6毫米。伞房状聚伞花序；萼片及花瓣均5片；萼片卵形；雄花的退化雌蕊圆锥状；雌花的退化雄蕊约为子房长的1/4，鳞片状。分果瓣紫红色，干后变淡黄或淡棕色。

产于辽宁以南至长江沿岸各地。根皮可入药。

观察地点：水生与藤本园南侧。花期6—8月，果期9—11月。

黄檗 *Phellodendron amurense*（黄檗属）

乔木。高10—30米。成年树的树皮有厚木栓层，深沟状或不规则网状开裂，内皮薄，鲜黄色，味苦，黏质。叶有小叶5—13片，小叶薄纸质或纸质，卵状披针形或卵形，长6—12厘米，顶部长渐尖，基部阔楔形。花序顶生；花瓣紫绿色，长3—4毫米。果圆球形，蓝黑色，通常有5—8（—10）浅纵沟。

主产于东北和华北各地。木栓层是制造软木塞的材料，木材，可入药。

观察地点：本草园。花期5—6月，果期9—10月。

臭檀吴萸

黄檗

枳 Poncirus trifoliata（枳属）

小乔木。枝绿色，嫩枝扁，有纵棱，刺长达4厘米。叶柄有狭长的翼叶，通常指状3出叶，长2—5厘米，叶缘有细钝裂齿或全缘，花单朵或成对腋生，先叶开放，也有先叶后花的，有完全花及不完全花，后者雄蕊发育，雌蕊萎缩；萼片长5—7毫米；花瓣白色，匙形。果近圆球形或梨形，果皮暗黄色，粗糙。

产于华北、华东、华中、西南。作绿篱和嫁接柑橘的砧木。

观察地点： 本草园。花期5—6月，果期10—11月。

花椒 Zanthoxylum bungeanum（花椒属）

小乔木。茎干上的刺常早落，枝有短刺。叶有小叶5—13片，叶轴常有甚狭窄的叶翼；小叶对生，无柄，卵形或椭圆形，稀披针形，长2—7厘米，叶缘有细裂齿，齿缝有油点。花序顶生或生于侧枝之顶；花被6—8片，黄绿色；雄花的雄蕊5枚或多至8枚；雌花有心皮3或2个。果紫红色，散生微凸起的油点。

除台湾、海南及广东外，其他各地区均有分布。果皮做调料和入药，嫩叶可食。

观察地点： 本草园。花期4—5月，果期8—9月或10月。

枳

花椒

苦木科 SIMAROUBACEAE

落叶或常绿的乔木或灌木；树皮通常有苦味。叶互生，有时对生，通常成羽状复叶，少数单叶；托叶缺或早落。花序腋生，总状、圆锥状或聚伞花序，稀穗状花序；花辐射对称，单性、杂性或两性；萼片和花瓣3—5，花瓣分离，少数退化；花盘环状或杯状；雄蕊与花瓣同数或为花瓣的2倍；子房2—5室，中轴胎座。果为翅果、核果或蒴果，一般不开裂。

本科约20属，120种，主产于热带和亚热带地区。我国有5属，11种，3变种。

臭椿 *Ailanthus altissima*（臭椿属）

落叶乔木，高可达20余米。奇数羽状复叶，长40—60厘米，有小叶13—27，小叶对生或近对生，纸质，卵状披针形，长7—13厘米，先端长渐尖，基部偏斜，两侧各具1—2个粗锯齿，齿背有腺体1个。圆锥花序长10—30厘米；花淡绿色；萼片5；花瓣5；雄蕊10；心皮5，柱头5裂。周翅果长椭圆形。

我国除东北、西北和海南外，各地区均有分布。作园林风景树和行道树。

观察地点：木草园、水生与藤本园。花期4—5月，果期8—10月。

楝科 MELIACEAE

乔木或灌木（稀亚灌木）。叶互生（稀对生），通常羽状复叶；小叶对生或互生，基部多少偏斜。花两性或杂性异株，辐射对称，圆锥花序，间为总状花序或穗状花序；通常5基数；萼浅杯状或短管状；花瓣4—5，分离或下部与雄蕊管合生；雄蕊4—10，花丝合生成管状或分离；子房上位，2—5室。果为蒴果、浆果或核果。

本科约50属，1400种，分布于热带和亚热带地区，少数至温带地区。我国产15属，62种，12变种，引入栽培的有3属，3种，主产于长江以南各地区。

小叶米仔兰 *Aglaia odorata* var. *microphyllina*（米仔兰属）

灌木或小乔木。叶轴和叶柄具狭翅，具小叶5—7枚，稀9枚；小叶对生，厚纸质，狭长椭圆形或狭倒披针状长椭圆形，长4厘米以下。圆锥花序腋生；花芳香，直径约2毫米；雄花的花梗纤细，两性花的花梗稍短而粗；花萼5裂，裂片圆形；花瓣5，黄色；子房卵形，密被黄色粗毛。果为浆果，卵形或近球形。

产于海南，生于低海拔山地的疏林或灌木林中。观赏。

观察地点： 展览温室。花期5—12月，果期7月至第二年3月。

楝树 *Melia azedarach*（楝属）

落叶乔木，高达10余米。树皮灰褐色，纵裂。叶为2—3回奇数羽状复叶，长20—40厘米；小叶对生，卵形、椭圆形至披针形，长3—7厘米。圆锥花序，花芳香；花萼5深裂；花瓣淡紫色；雄蕊管紫色，长7—8毫米；子房近球形，5—6室。核果球形至椭圆形，长1—2厘米。

产于我国黄河以南，生于低海拔旷野、路旁或疏林中。木材，根皮可入药。

观察地点：环保植物园。花期4—5月，果期10—12月。

香椿 *Toona sinensis*（香椿属）

叶具长柄，偶数羽状复叶，长30—50厘米或更长；小叶16—20。花长4—5毫米，具短花梗；花瓣5，白色，长圆形，长4—5毫米；雄蕊10，其中5枚能育，5枚退化。蒴果狭椭圆形，长2—3.5厘米，种子上端具膜质翅。

产于华北、华东、华中、华南和西南各省区。食用、药用。

观察地点：展览温室外侧。花期6—8月，果期10—12月。

楝树
香椿

漆树科 ANACARDIACEAE

乔木或灌木，稀为木质藤本或亚灌木状草本。叶互生，稀对生，单叶，掌状三小叶或奇数羽状复叶。花小，辐射对称，两性或多为单性或杂性，顶生或腋生圆锥花序；通常为双被花，稀为单被或无被花；花萼多少合生，3—5裂；花瓣3—5，分离或基部合生；心皮1—5，仅1个发育或合生，子房上位。果多为核果。

本科约60属，600余种，分布于全球热带、亚热带，少数延伸到北温带地区。我国有16属，59种。

漆树 Toxicodendron vernicifluum（漆属）

乔木。奇数羽状复叶互生，常螺旋状排列，有小叶4—6对；小叶膜质至薄纸质，卵形、卵状椭圆形或长圆形，长6—13厘米。圆锥花序长15—30厘米；花黄绿色，雄花花梗纤细，雌花花梗短粗；花萼无毛，裂片卵形；花瓣长圆形，长约2.5毫米；子房球形，花柱3。果序多少下垂，核果肾形或椭圆形。

除黑龙江、吉林、内蒙古和新疆外，其余地区均产。产生漆；木材。

观察地点：本草园、树木园。花期5—6月，果期7—10月。

注：生漆极易造成人体过敏反应，建议远离。

黄连木 Pistacia chinensis（黄连木属）

落叶乔木，高达20余米；树皮暗褐色，呈鳞片状剥落。奇数羽状复叶互生，有小叶5—6对；小叶对生或近对生，纸质，长5—10厘米。圆锥花序腋生，雄花序紧密，雌花序疏松；花小，花梗长约1毫米，雄花花被片2—4；雌花花被片7—9；子房球形，花柱极短，柱头3。核果倒卵状球形，略压扁，成熟时紫红色。

产于长江以南各地区及华北。木材致密，可提取黄色染料。

观察地点：树木园。花期4—5月，果期7—9月。

盐肤木 Rhus chinensis（盐肤木属）

灌木或小乔木。奇数羽状复叶，有小叶(2—) 3—6对，叶轴具宽的叶状翅；小叶卵形、椭圆状卵形或长圆形，长6—12厘米，被白粉。圆锥花序，花白色，雄花序长30—40厘米，雌花序较短，密被锈色柔毛；核果球形，略压扁。

我国除东北、内蒙古和新疆外，其余地区均有。虫瘿入药，称五倍子。

观察地点：本草园。花期8—9月，果期10月。

黄连木

盐肤木

青麸杨 Rhus potaninii（盐肤木属）

落叶乔木，高5—8米。奇数羽状复叶，有小叶3—5对，叶轴无翅；小叶卵状长圆形或长圆状披针形，具短柄。圆锥花序长10—20厘米；苞片钻形；花白色；花萼被微柔毛，裂片卵形；花瓣卵形或卵状长圆形，长1.5—2毫米；花盘厚，无毛；子房球形，密被白色绒毛。核果近球形，略压扁，成熟时红色。

产于云南、四川、甘肃、陕西、山西、河南。

观察地点：树木园。花期6—7月，果期8月。

裂叶火炬树 Rhus typhina var. laciniata（盐肤木属）

小乔木。柄下芽。小枝密生灰色茸毛。奇数羽状复叶，小叶19—23（11—31），小叶细裂，长5—13cm，先端长渐尖，基部圆形或宽楔形，上面深绿色，下面苍白色，两面有茸毛，叶轴无翅。圆锥花序顶生、密生茸毛，花淡绿色，雌花花柱有红色刺毛。核果深红色，密生绒毛，花柱宿存、密集成火炬形。

原产于北美。我国黄河以北各地区均有栽培。

观察地点：树木园。花期6—7月，果期8—9月。

青麸杨

裂叶火炬树

槭树科 ACERACEAE

乔木或灌木，落叶，稀常绿。叶对生，单叶（稀羽状或掌状复叶），不裂或掌状分裂。花序伞房状、穗状或聚伞状；花小，绿色或黄绿色，稀紫色或红色，整齐，两性、杂性或单性，雄花与两性花同株或异株；萼片5或4，覆瓦状排列；花瓣5或4，稀不发育；雄蕊4—12，通常8；子房上位，2室；子房每室具2胚珠。果实系小坚果，常有翅，又称翅果。

本科共2属，主要产于北温带地区。中国约有140余种。

在APG系统中，将槭树科归入无患子科。

茶条槭 Acer ginnala（槭属）

灌木或小乔木。树皮粗糙、微纵裂。叶纸质，基部圆形，长6—10厘米。伞房花序长6厘米，无毛，具多数的花。花杂性，雄花与两性花同株；萼片5；花瓣5，长圆卵形，白色；雄蕊8；子房密被长柔毛；花柱无毛，长3—4毫米。果实黄绿色或黄褐色；翅连同小坚果长2.5—3厘米，张开近直角或成锐角。

产于东北、内蒙古、河北、山西、河南、陕西、甘肃。

观察地点：树木园。花期5月，果期10月。

鞑靼槭 Acer tataricum（槭属）

灌木或小乔木。树皮灰色，粗糙。单叶长圆卵形，不分裂或3—5裂，中央裂片常较长于侧裂片，边缘具不整齐的锯齿或重锯齿，纸质或近革质，基部截形、心形或圆形，顶端渐尖或急尖。花杂性，雄全同株，伞房花序；花瓣5，长圆形或长圆卵形。翅果较大，张开成锐角或近直角。

产于华北、西北、东北、华东。观赏。

观察地点：树木园。

鸡爪槭 Acer palmatum（槭属）

小乔木。叶纸质，基部心形或近于心形，5—9掌状分裂，常7裂，裂片长圆卵形或披针形，边缘具尖锐锯齿。花紫色，杂性，雄花与两性花同株，生于无毛的伞房花序；花瓣5；雄蕊8；子房无毛，花柱2裂，无毛。翅果嫩时紫红色，成熟时淡棕黄色，小坚果球形；翅与小坚果共长2—2.5厘米，张开成钝角。

原产于华北、华中和西南。优良观赏植物。

观察地点：宿根花卉园。花期5月，果期9月。

鞑靼槭

鸡爪槭

元宝槭（元宝枫，平基槭）Acer truncatum（槭属）

乔木。叶纸质，常5裂，稀7裂，基部截形；裂片三角卵，先端锐尖，边缘全缘，长3—5厘米。花黄绿色，杂性，雄花与两性花同株，伞房花序；萼片5，黄绿色；花瓣5，淡黄色或淡白色；雄蕊8。翅果嫩时淡绿色，成熟时淡黄色或淡褐色，下垂的伞房果序；小坚果压扁状，长1.3—1.8厘米；翅长圆形。

产于东北、华北、西北。观赏、木材。

观察地点：园区常见行道树。花期4月，果期8月。

无患子科 SAPINDACEAE

乔木或灌木，稀藤本。羽状复叶或掌状复叶（稀单叶）互生。聚伞圆锥花序；花单性（稀杂性或两性）辐射对称或两侧对称；雄花萼片4或5，离生或基部合生；花瓣4或5，离生；雄蕊5—10，通常8，偶有多数；雌花花被与雄花相同，雌蕊由2—4心皮组成，子房上位，通常3室；胚珠每室1或2颗，中轴胎座，偶侧膜胎座。蒴果，或浆果状或核果状。

本科约150属，约2000种，分布于全世界的热带和亚热带。我国有25属，53种，2亚种3变种，主产于西南部至东南部。

文冠果 Xanthoceras sorbifolia（文冠果属）

灌木或小乔木。叶连柄长15—30厘米，小叶4—8对，披针形或近卵形，长2.5—6厘米。两性花的花序顶生，雄花序腋生，长12—20厘米，直立；花瓣白色，基部紫红色或黄色，有清晰的脉纹，长约2厘米；花盘的角状附属体橙黄色，长4—5毫米；雄蕊长约1.5厘米；子房被灰色绒毛。蒴果。

产于我国西北部至东北部。种子可食，可榨油。

观察地点：珍稀濒危园、蔷薇园。花期春季，果期秋初。

栾树 *Koelreuteria paniculata*（栾树属）

落叶乔木或灌木。一回、偶有二回羽状复叶，长可达50厘米；小叶11—18片，对生或互生，纸质，顶端短尖或短渐尖，基部钝至近截形，边缘有钝锯齿。聚伞圆锥花序长25—40厘米，密被微柔毛；花淡黄色，稍芬芳；花瓣4，长5—9毫米；雄蕊8枚；子房三棱形。蒴果圆锥形，具3棱，长4—6厘米。

产于我国大部分地区。庭园观赏树。木材可制家具，花、叶可提取染料。

观察地点：环保植物园。花期6—8月，果期9—10月。

七叶树科 HIPPOCASTANACEAE

落叶（稀常绿）乔木（稀灌木）。叶对生，3—9枚小叶组成掌状复叶。聚伞圆锥花序。花杂性，雄花常与两性花同株；萼片4—5；花瓣4—5，与萼片互生；雄蕊5—9；子房上位，卵形或长圆形，3室，每室有2胚珠，花柱1，柱头小而常扁平。蒴果1—3室，平滑或有刺。

本科现仅有七叶树属*Aesculus* L.与三叶树属 *Bellia* Peyritsch。前者25种，广泛分布于北半球；后者仅2种，分布于美洲的哥伦比亚和墨西哥。

七叶树 Aesculus chinensis（七叶树属）

落叶乔木，高达25米。掌状复叶，由5—7小叶组成；小叶纸质，长8—16厘米。花序圆筒形，小花序常由5—10朵花组成。花杂性，雄花与两性花同株，花萼管状钟形；花瓣4，白色，长约8—12毫米；雄蕊6；子房在雄花中不发育，在两性花中发育良好，卵圆形。果实球形或倒卵圆形。

仅秦岭有野生的。优良的行道树和庭园树。

观察地点：本草园、珍稀濒危园。花期4—5月，果期10月。

欧洲七叶树 Aesculus hippocastanum（七叶树属）

落叶乔木，高达25—30米。掌状复叶对生，有5—7小叶；小叶无小叶柄，倒卵形。圆锥花序顶生，长20—30厘米。花较大，直径约2厘米；花萼钟形；花瓣4或5，长11毫米，白色；雄蕊5—8，长11—20毫米；雌蕊有长柔毛，子房具有柄的腺体。果实系近于球形的蒴果。

原产于阿尔巴尼亚和希腊。可作行道树和庭园树。木材良好，可制造各种器具。

观察地点：本草园、树木园。花期5—6月，果期9月。

七叶树

欧洲七叶树

凤仙花科 BALSAMINACEAE

一年生或多年生草本，稀附生或亚灌木，茎通常肉质。单叶，螺旋状排列，对生或轮生。花两性，雄蕊先熟，两侧对称，萼片3，稀5枚，下面倒置的1枚花瓣状，基部具蜜腺；花瓣5枚，背面的1枚扁平或兜状。果实为假浆果或多少肉质，4—5裂的蒴果。

本科共2属，全世界约有900余种。主要分布于亚洲及非洲。我国2属均产，已知约有220余种。

指甲花（凤仙花）Impatiens balsamina（凤仙花属）

一年生草本，高60—100厘米。茎粗壮，肉质，下部节常膨大。叶互生，最下部叶有时对生；叶片披针形至倒披针形，长4—12厘米，边缘有锐锯齿。花单生或2—3朵簇生于叶腋，白色、粉红色或紫色，单瓣或重瓣。蒴果宽纺锤形，长10—20毫米，密被柔毛。

原产于南亚，我国各地庭园栽培历史悠久。入药或提取色素。

观察地点：宿根花卉园。花果期7—10月。

冬青科 AQUIFOLIACEAE

乔木或灌木。单叶，互生，稀对生或假轮生，具锯齿、刺齿，或全缘。花小，辐射对称，常单性，雌雄异株，成各式花序或簇生，稀单生；花萼4—6片；花瓣4—6；雄蕊与花瓣同数；子房上位，心皮2—5，合生。果通常为浆果状核果，具2至多数分核。

本科共4属，约400—500种，主产热带美洲和亚洲，仅有3种到达欧洲。我国产1属，约204种，分布于秦岭及长江流域以南地区，西南地区最多。

枸骨 Ilex cornuta（冬青属）

常绿灌木或小乔木。叶片厚革质，四角状长圆形或卵形，长4—9厘米，宽2—4厘米，先端具3枚尖硬刺齿，有时全缘。花序簇生于二年生枝的叶腋内；花淡黄色，4基数。雄花直径约7毫米。雌花败育花药卵状箭头形。果球形，直径8—10毫米，成熟时鲜红色。

产于华东及华中等地区。观赏、药用、工业用。

观察地点：展览温室。花期4—5月，果期10—12月。

卫矛科 CELASTRACEAE

常绿或落叶乔木、灌木或藤本灌木。单叶对生或互生，稀三叶轮生；花两性或退化为单性花，杂性同株，较少异株；聚伞花序1至多次分枝，具有较小的苞片和小苞片；花4—5数，花萼4—5，花冠具4—5分离花瓣，雄蕊与花瓣同数，心皮2—5，合生。多为蒴果，亦有核果、翅果或浆果。

本科约60属，850种。主要分布于热带、亚热带及温暖地区。我国有12属，201种，全国均产。

白杜（丝棉木）Euonymus maackii（卫矛属）

小乔木，高达6米。叶卵状椭圆形、卵圆形或窄椭圆形，长4—8厘米，先端长渐尖，基部阔楔形或近圆形，边缘具细锯齿。聚伞花序3至多花；花4数，淡白绿色或黄绿色；雄蕊花药紫红色，花丝细长。蒴果倒圆心状，4浅裂，长6—8毫米，成熟后果皮粉红色；种子长椭圆状，假种皮橙红色。

除陕西、西南和两广，其他各地区均有。

观察地点：本草园、蔷薇园。花期5—6月，果期9月。

栓翅卫矛（卫矛）Euonymus phellomanus（卫矛属）

灌木，高3—4米。枝条常具4纵列木栓厚翅；叶长椭圆形，长6—11厘米，先端窄长渐尖，边缘具细密锯齿；叶柄长8—15毫米。聚伞花序，有花7—15朵；花白绿色，直径约8毫米，4数；雄蕊花丝长2—3毫米；花柱长1—1.5毫米。蒴果4棱，倒圆心状，粉红色；种子椭圆状，假种皮橘红色。

产于甘肃、陕西、河南及四川北部。

观察地点：本草园。花期7月，果期9—10月。

南蛇藤 Celastrus orbiculatus（南蛇藤属）

小枝光滑，具稀疏皮孔。叶通常阔倒卵形，边缘具锯齿。聚伞花序腋生，间有顶生，花序长1—3厘米，小花1—3朵；雄花萼片钝三角形；花瓣倒卵椭圆形或长方形，长3—4厘米；花盘浅杯状，裂片浅，顶端圆钝；雄蕊长2—3毫米；雌花花冠较雄花窄小；子房近球状，柱头3深裂。蒴果近球状；种子椭圆状稍扁。

产于东北、华北、华中、西北和华东。果实可药用，种子可榨油。

观察地点：水生与藤木园、野生果树园。花期5—6月，果期7—10月。

栓翅卫矛（卫矛）

南蛇藤

省沽油科 STAPHYLEACEAE

乔木或灌木。叶对生或互生，奇数羽状复叶，稀单叶；叶有锯齿。花整齐，两性或杂性，稀为雌雄异株，在圆锥花序上花少；萼片5，分离或连合；花瓣5；雄蕊5，互生；子房上位，3室，稀2或4，花柱各式分离到完全联合。果实为蒴果状，膏葖果或核果或浆果；种子数枚，肉质或角质。

本科共5属，约60种，产于热带亚洲和美洲及北温带。我国有4属，22种，主产于南方各地。

省沽油 Staphylea bumalda（省沽油属）

落叶灌木，高约2—5米，树皮紫红色或灰褐色，有纵棱；复叶对生，具三小叶；小叶椭圆形、卵圆形或卵状披针形，长4.5—8厘米，先端锐尖，基部楔形或圆形，边缘有细锯齿，齿尖具尖头。圆锥花序顶生，花白色；萼片长椭圆形，浅黄白色，花瓣5，白色，雄蕊5。蒴果膀胱状，2室；种子黄色。

产于东北、华北、华东、华中。种子油可制肥皂及油漆，茎皮可作纤维。

观察地点：野生果树园东侧。花期4—5月，果期8—9月。

膀胱果 Staphylea holocarpa（省沽油属）

落叶灌木或小乔木，高3米。三小叶，先端小叶具长柄，小叶近革质，无毛，长圆状披针形至狭卵形，长5—10厘米，基部钝，先端突渐尖，边缘有硬细锯齿，侧脉10。伞房花序，长5厘米，花白色或粉红色。蒴果3裂，长4—5厘米，基部狭，顶平截，种子近椭圆形，灰色，有光泽。

产于陕西、甘肃、湖北、湖南、广东、广西、贵州、四川、西藏东部。

观察地点：野生果树园东侧。花期4—5月，果期8—9月。

省沽油

膀胱果

黄杨科 BUXACEAE

常绿灌木、小乔木或草本。单叶，互生或对生，全缘或有齿，羽状脉或离基三出脉，无托叶。花整齐，无花瓣；单性，雌雄同株或异株；花序总状或穗状；雄花萼片4，雌花萼片6，雄蕊4，与萼片对生；雌蕊通常由3心皮组成，子房上位，3室，花柱3，宿存，子房每室有2枚倒生胚珠。蒴果，或肉质的核果。

本科共9属，约100种，生于热带和温带。我国产3属，27种，分布于西南部、西北部、中部、东南部，直至台湾地区。

黄杨 Buxus sinica（黄杨属）

灌木或小乔木，高1—6米。叶阔椭圆形至长圆形，长1.5—3.5厘米，宽0.8—2厘米，先端圆或钝，常有小凹口。花序腋生，头状，花密集；雄花：约10朵，无花梗，不育雌蕊有棒状柄；雌花：萼片长3毫米，花柱粗扁。蒴果近球形，长6—8(—10)毫米，宿存花柱长2—3毫米。

产于华中、华东、华南等省区。园林绿化、用材。

观察地点： 展览温室北侧、科研办公区。花果期5—7月。

顶花板凳果 *Pachysandra terminalis*（板凳果属）

常绿亚灌木。叶薄革质，在茎上每间隔2—4厘米，有4—6叶接近着生，似簇生状。叶片菱状倒卵形。花序顶生，长2—4厘米，花白色，雄花数超过15，雌花1—2，生花序轴基部；雄花苞片及萼片均阔卵形，萼片长2.5—3.5毫米；雌花长4毫米，苞片及萼片均卵形。果卵形，长5—6毫米，花柱宿存，粗而反曲，长5—10毫米。

产于甘肃、陕西、四州、湖北、浙江等地。地被植物。

观察地点：宿根花卉园、环保植物园。花期4—5月。

鼠李科 RHAMNACEAE

灌木、藤状灌木或乔木，稀草本，通常具刺。单叶互生或近对生，全缘或具齿，具羽状脉，或三至五基出脉；花两性或单性，稀杂性，雌雄异株，常聚伞花序、穗状圆锥花序、聚伞总状花序、聚伞圆锥花序，通常4基数；子房上位、半下位至下位，通常3或2室，每室1胚珠。核果、浆果状核果、蒴果状核果或蒴果。

本科约58属，900种以上，广泛分布于温带至热带地区。我国产14属，133种，32变种和1变型，全国各地区均有分布，以西南和华南的种类最为丰富。

雀梅藤 Sageretia thea（雀梅藤属）

藤状或直立灌木；小枝具刺，互生或近对生。叶纸质，近对生或互生，通常椭圆形，顶端锐尖，钝或圆形，基部圆形或近心形，边缘具细锯齿。花黄色，有芳香，疏散穗状或圆锥状穗状花序；花瓣匙形，顶端2浅裂；花柱极短，柱头3浅裂，子房3室，每室具1胚珠。核果近圆球形，成熟时黑色或紫黑色。

产于华东、华中、西南。叶可代茶，也可供药用；果可食；栽培作绿篱。

观察地点：展览温室。花期7—11月，果期第二年3—5月。

冻绿 Rhamnus utilis（鼠李属）

灌木或小乔木，高达4米；幼枝无毛，小枝对生或近对生，常具针刺。叶纸质，对生或近对生，椭圆形，长4—15厘米，顶端突尖或锐尖，边缘具锯齿。花单性，雌雄异株，4基数，具花瓣；雄花数个簇生于叶腋；雌花2—6个簇生于叶腋或小枝下部；核果圆球形或近球形，成熟时黑色。

产于华北、华东、华中、华南、西南。种子油作润滑油，果实、树皮及叶可提取黄色染料。

观察地点： 蔷薇园，紫薇园东南角。花期4—6月，果期5—8月。

酸枣 Ziziphus jujuba var. spinosa（枣属）

落叶灌木；树皮褐色或灰褐色；有长枝，短枝和无芽小枝比长枝光滑，紫红色或灰褐色，呈之字形曲折，具2个托叶刺。叶纸质，边缘具圆齿状锯齿，基生三出脉。花黄绿色，两性，5基数，单生或聚伞花序；花瓣倒卵圆形；子房2室，每室1胚珠。果实近球形或短矩圆形，直径0.7—1.2厘米，成熟时红色。

产于华北、西北、华东。入药，作蜜源植物及绿篱。

观察地点： 本草园。花期6—7月，果期8—9月。

葡萄科 VITACEAE

攀援木质藤本（稀草质藤本，具卷须），或直立灌木（无卷须）。单叶、羽状或掌状复叶，互生；花两性或杂性同株或异株，伞房状多歧聚伞花序、复二歧聚伞花序或圆锥状多歧聚伞花序，4—5基数；子房上位，2室，每室2胚珠，浆果。

本科共16属，约700余种，主要分布于热带和亚热带。我国有9属，150余种，南北各地均产。

山葡萄 Vitis amurensis（葡萄属）

木质藤本。小枝圆柱形。卷须2—3分枝，与叶对生。叶阔卵圆形，长6—24厘米，3裂稀5浅裂或中裂，叶基部心形，基缺凹成圆形或钝角。圆锥花序疏散，与叶对生，花瓣和雄蕊5；雌蕊1，子房锥形，花柱明显。果实直径1—1.5厘米。

产于东北、华北和华东。生于山坡、沟谷林中或灌丛。

观察地点：本草园。花期5—6月，果期7—9月。

椴树科 TILIACEAE

乔木。灌木或草本。单叶互生，稀对生，全缘或有锯齿。花两性或单性雌雄异株，辐射对称，聚伞花序或圆锥花序；萼片通常5数，分离或多少连生；花瓣与萼片同数，分离；内侧常有腺体，与花瓣对生；雄蕊多数，稀5数；子房上位，2—6室，中轴胎座。核果、蒴果、裂果，有时浆果状或翅果状。

本科约52属，500种，主要分布于热带及亚热带地区。我国有13属，85种。

蒙椴 Tilia mongolica（椴树属）

乔木。树皮淡灰色。叶阔卵形或圆形，长4—6厘米，先端渐尖，常出现3裂。聚伞花序长5—8厘米，有花6—12朵；花柄长5—8毫米；苞片窄长圆形，长3.5—6厘米，两面均无毛，下半部与花序柄合生；萼片披针形；花瓣长6—7毫米；雄蕊与萼片等长；子房有毛，花柱秃净。果实倒卵形。

产于内蒙古、河北、河南、山西及江苏西部。

观察地点：树木园。花期7月。

心叶椴 Tilia cordata（椴树属）

落叶乔木，高达10米。叶近圆形，先端骤尖，边缘有细锐锯齿，基部心形。花黄白色，有芳香，5—7朵成下垂或近直立聚伞花序。果实倒卵形。

原产于欧洲。

观察地点：树木园。花期7月。

蒙椴
心叶椴

锦葵科 MALVACEAE

草本、灌木至乔木。叶互生，单叶或分裂，叶脉通常掌状。花腋生或顶生，单生、簇生、聚伞花序至圆锥花序；花两性，辐射对称；萼片3—5片，分离或合生；花瓣5片，彼此分离；单体雄蕊；子房上位，2至多室，通常5室较多，每室被胚珠1至多枚。蒴果，很少浆果状，种子肾形或倒卵形。

本科约50属，1000余种，分布于热带至温带。我国有16属，81种，36变种或变型，产于全国各地，以热带和亚热带地区种类较多。

蜀葵 Althaea rosea（蜀葵属）

二年生直立草本，高达2米，茎枝密被刺毛。叶近圆心形，掌状5—7浅裂或波状棱角，裂片三角形或圆形；托叶卵形，长约8毫米。花腋生，单生或近簇生，总状花序式。花大，直径6—10厘米，有红、紫、白、粉红、黄和黑紫等色；雄蕊柱无毛，长约2厘米。果实盘状，直径约2厘米，分果爿近圆形。

原产于我国西南地区。世界各国均有栽培供观赏，常逸生。全草可入药。

观察地点： 蔷薇园。花期2—8月。

芙蓉葵 Hibiscus moscheutos（木槿属）

多年生直立草本，高1—2.5米。叶卵形至卵状披针形，长10—18厘米。花单生于枝端叶腋间，花梗长4—8厘米；小苞片10—12，线形，密被星状短柔毛，裂片5，卵状三角形；花白色、淡红和红色等，直径10—14厘米，花瓣倒卵形，子房无毛。蒴果圆锥状卵形，果爿5。

原产于美国东部。我国广泛栽培。

观察地点：本草园、宿根花卉园。

朱槿 Hibiscus rosa-sinensis（木槿属）

常绿灌木。小枝圆柱形，疏被星状柔毛。叶阔卵形或狭卵形，先端渐尖，基部圆形或楔形，边缘具粗齿或缺刻。花单生，常下垂；小苞片6—7，线形，长8—15毫米；萼钟形，裂片5；花冠漏斗形，直径6—10厘米，玫瑰红色或淡红、淡黄等色，花瓣倒卵形；雄蕊柱长4—8厘米；花柱5。蒴果卵形，有喙。

产于长江以南各地区。

观察地点：展览温室。花期全年。

芙蓉葵

朱槿

野西瓜苗 Hibiscus trionum（木槿属）

一年生直立或平卧草本，高25—70厘米，茎被白色星状粗毛。叶二型，下部的叶圆形，不分裂，上部的叶掌状3—5深裂，直径3—6厘米。花单生于叶腋，花梗长约2.5厘米；小苞片12，线形；花萼钟形；花淡黄色，内面基部紫色，花瓣5，倒卵形，长约2厘米；雄蕊柱长约5毫米。蒴果长圆状球形，被粗硬毛。

产于全国各地，常见的田间杂草。原产于非洲中部。药用。

观察地点：本草园。花期7—10月。

木棉科 BOMBACACEAE

乔木，主干基部常有板状根。叶互生，掌状复叶或单叶，常被鳞片。花两性，大而美丽，辐射对称；花瓣5片；雄蕊5至多数，退化雄蕊常存在，花丝分离或合生成雄蕊管。蒴果，室背开裂或不裂；种子常为内果皮的丝状棉毛所包围。

本科约20属，180种，广布于热带地区。我国原产1属，2种，引种栽培5属，5种。

木棉 Bombax malabaricum（木棉属）

高可达25米，树皮灰白色。掌状复叶，小叶5—7片，长圆形至长圆状披针形，长10—16厘米，全缘。花单生枝顶叶腋，通常红色，有时橙红色，直径约10厘米。蒴果长圆形，长10—15厘米，密被灰白色柔毛；种子多数。

产于西南、华南至台湾等地区。生于海拔1400米以下的干热河谷及稀树草原。药用、食用或为行道树。

观察地点：展览温室。花期4—5月。

发财树 *Pachira macrocarpa*（瓜栗属）

小乔木，高4—5米。小叶5—11片，具短柄或近无柄，长圆形至倒卵状长圆形，全缘；中央小叶长13—24厘米，外侧小叶渐小。花单生枝顶叶腋；萼杯状；花瓣淡黄绿色，狭披针形至线形，长达15厘米。蒴果近梨形，长9—10厘米。种子长2—2.5厘米。

原产于中美洲。观赏。

观察地点：展览温室。花期5—11月，花较少见。

梧桐科 STERCULIACEAE

乔木或灌木，稀草本或藤本。叶互生，单叶，稀为掌状复叶，全缘、具齿或深裂，通常有托叶。花序腋生，稀顶生，圆锥花序、聚伞花序、总状花序或伞房花序，稀单花；花单性、两性或杂性；萼片5枚，稀为3—4枚，或多或少合生；花瓣5片或无花瓣；雌蕊由2—5心皮或单心皮组成，子房上位。蒴果或蓇葖果，极少为浆果或核果。

本科共68属，约1100种，分布于热带和亚热带地区。我国有19属，82种，3变种，主要分布于华南和西南各地，云南最多。

苹婆 Sterculia monosperma（苹婆属）

乔木，树皮褐黑色。叶薄革质，矩圆形或椭圆形，长8—25厘米，顶端急尖或钝，基部浑圆或钝；叶柄长2—3.5厘米，两端膨大。圆锥花序顶生或腋生，雄花较多，雌雄蕊柄弯曲，无毛；雌花较少，略大，子房圆球形，花柱弯曲，柱头5浅裂。蓇葖果鲜红色，厚革质，矩圆状卵形。

产于广东、广西南部、福建东南部、云南南部和台湾地区。种子可食，作行道树。

观察地点：展览温室。

瑞香科 THYMELAEACEAE

落叶或常绿灌木或小乔木，稀草本；茎具韧皮纤维。单叶互生或对生，革质或纸质，全缘，羽状脉，无托叶。花辐射对称，两性或单性，雌雄同株或异株，头状、穗状、总状、圆锥或伞形花序，有时单生或簇生；花瓣缺，或鳞片状，与萼裂片同数；子房上位，心皮2—5个合生，1室，柱头通常头状。浆果、核果或坚果，稀蒴果。

本科约48属，650种，广布于热带和温带地区。我国有10属，100种左右，各省均有分布，主产于长江以南。

金边瑞香 Daphne odora f. marginata（瑞香属）

常绿直立灌木。枝常二歧分枝。叶互生，纸质，长圆形，先端钝尖，基部楔形，全缘叶片边缘淡黄色，中间绿色。花外面淡紫红色，内面肉红色，顶生头状花序；苞片披针形，长5—8毫米；花萼筒管状，长6—10毫米，裂片4，心状卵形，基部心脏形；雄蕊8，2轮；子房长圆形。果实红色。

分布于我国和中南半岛。观赏，根可供药用。

观察地点：展览温室。花期3—5月，果期7—8月。

结香 Edgeworthia chrysantha（结香属）

灌木。小枝常作三叉分枝，叶痕大。叶长圆形，先端短尖，基部楔形或渐狭，长8—20厘米。头状花序顶生或侧生；花芳香，无梗，黄色；雄蕊8，2列；子房卵形，长约4毫米。果椭圆形，绿色，长约8毫米。

产于河南、陕西及长江流域以南各地区。观赏，全株入药。

观察地点：展览温室。花期冬末春初，果期春夏间。

金边瑞香

结香

胡颓子科 ELAEAGNACEAE

常绿或落叶灌木或攀援藤本，稀乔木，全体被鳞片或星状绒毛。单叶互生，稀对生或轮生，全缘。花两性或单性，稀杂性。单生或伞形总状花序，白色或黄褐色，具香气；花萼常连合成筒，顶端4裂；无花瓣；雄蕊着生于萼筒喉部或上部；子房上位，包被于花萼管内，1心皮，1室，1胚珠。瘦果或坚果，核果状，红色或黄色。

本科共3属，80余种，主要分布于亚洲东南部，欧洲及北美洲也有。我国有2属，约60种，遍布于全国各地。

沙枣 Elaeagnus angustifolia（胡颓子属）

乔木或小乔木。幼枝密被银白色鳞片。叶薄纸质，矩圆状披针形，顶端钝尖，基部楔形，全缘，上面幼时具银白色圆形鳞片，下面密被白色鳞片。花银白色，密被银白色鳞片，芳香，常1—3花簇生叶腋；萼筒钟形；雄蕊几无花丝，花药淡黄色，矩圆形。果实椭圆形，长9—12毫米，粉红色，密被银白色鳞片。

产于华北、西北。果肉可食；花可提芳香油；蜜源植物；木材坚韧。

观察地点：蔷薇园、野生果树园。花期5—6月，果期9月。

翅果油树 Elaeagnus mollis（胡颓子属）

灌木或乔木。幼枝灰绿色，密被星状绒毛和鳞片。叶纸质，卵形或卵状椭圆形，长6—9厘米，顶端钝尖，基部钝形或圆形。花灰绿色，下垂，芳香，密被灰白色星状绒毛；常1—3花簇生幼枝叶腋；萼筒钟状，长5毫米；雄蕊4，花药椭圆形；果实近圆形或阔椭圆形，具明显的8棱脊，翅状。

产于陕西、山西南部。种子可榨油。

观察地点： 珍稀濒危园。花期4—5月，果期8—9 月。

木半夏 Elaeagnus multiflora（胡颓子属）

灌木。通常无刺，稀老枝上具刺。叶膜质或纸质，椭圆形或卵形，长3—7厘米，顶端钝尖或骤渐尖，基部钝形，全缘。花白色，被银白色和散生少数褐色鳞片；萼筒圆筒形。果实椭圆形，长12—14毫米，密被锈色鳞片，成熟时红色，多汁。

产于华北、华东、华中和西南。果实、根、叶可入药，果可食。

观察地点： 水生与藤本园。花期5月，果期6—7月。

翅果油树

木半夏

堇菜科 VIOLACEAE

多年生草本、半灌木或小灌木，稀一年生草本、攀援灌木或小乔木。单叶，通常互生，少数对生，全缘、有锯齿或分裂。花两性或单性，少有杂性，辐射对称或两侧对称，单生或穗状、总状或圆锥状花序，有2枚小苞片；萼片5，宿存；花瓣5，下面1枚通常较大，基部囊状或有距；雄蕊5；子房上位，1室，3—5心皮，侧膜胎座。蒴果或为浆果状。

本科约22属，900多种，世界广泛分布。我国有4属，约130多种。

紫花地丁 Viola philippica（堇菜属）

多年生草本，高4—14厘米。根状茎短，垂直。叶多数，基生，莲座状；叶片下部通常较小，呈长圆形、狭卵状披针形，先端圆钝，基部截形或楔形，边缘具较平的圆齿。花紫堇色或淡紫色，稀呈白色；萼片卵状披针形，先端渐尖，基部附属物短；子房卵形，无毛。蒴果长圆形，长5—12毫米。种子卵球形。

除青藏高原外，全国广泛分布。全草供药用。嫩叶可作野菜。可作早春观赏花卉。

观察地点：园区草坪。花果期4月中下旬至9月。

与早开堇菜的主要区别：本种叶片较狭长，通常呈长圆形，基部截形；花较小，距较短而细。始花期通常较早开堇菜稍晚。

西番莲科 PASSIFLORACEAE

草质或木质藤本，稀为灌木或小乔木。腋生卷须卷曲。单叶、稀为复叶，互生或近对生，常有腺体，通常具托叶。聚伞花序，有时仅存1—2花；通常有苞片1—3枚。花辐射对称，两性、单性、罕有杂性；萼片和花瓣各5枚；外副花冠与内副花冠形式多样；雄蕊4—5枚；心皮3—5枚，子房上位，1室，侧膜胎座。浆果或蒴果。

本科约16属，500余种，主产于世界热带和亚热带地区。我国有2属。

鸡蛋果 Passiflora edulia（西番莲属）

草质藤本。茎具细条纹。叶纸质，基部楔形或心形，掌状3深裂。聚伞花序退化仅存1花，与卷须对生；花芳香，直径约4厘米；苞片绿色，长1—1.2厘米；萼片5枚，具1角状附属器；花瓣5枚；外副花冠裂片4—5轮，外2轮裂片丝状；雌雄蕊柄长1—1.2厘米；雄蕊5枚，子房倒卵球形。浆果卵球形，熟时紫色。

原产于大小安的列斯群岛，现广植于热带和亚热带地区。观赏、食用、入药。

观察地点：展览温室。花期6月，果期11月。

柽柳科 TAMARICACEAE

灌木、半灌木或乔木。叶小，多呈鳞片状，互生。总状花序或圆锥花序，稀单生，通常两性，整齐；花萼4—5深裂，宿存；花瓣4—5，分离；雄蕊4、5或多数，常分离；雌蕊1，由2—5心皮构成，子房上位，1室，侧膜胎座；胚珠多数，稀少数。蒴果，圆锥形。种子多数。

本科共3属，约110种。主要分布于草原和荒漠地区。我国有3属，32种。

柽(chēng)柳 Tamarix chinensis（柽柳属）

乔木或灌木，高3—6米；老枝直立，暗褐红色；嫩枝繁密纤细，悬垂。叶鲜绿色，长1.5—1.8毫米，基部背面有龙骨状隆起，常呈薄膜质。每年开花两三次。总状花序，长3—6厘米；花5出；萼片5；花瓣5，粉红色，长约2毫米；雄蕊5，长于或略长于花瓣；子房圆锥状瓶形。蒴果圆锥形。

野生于辽宁、河北、河南、山东、江苏、安徽等地。观赏、入药。

观察地点：环保植物园。花期4—9月。

番木瓜科 CARICACEAE

小乔木，具乳汁，常不分枝。叶具长柄，聚生于茎顶，常掌状分裂。花单性或两性，同株或异株。花5基数；花冠细长成管状；雄花的雄蕊10枚；雌花较大；子房上位，花柱5。两性花，花冠管极短或长；雄蕊5—10枚。果为大型肉质浆果。

本科共4属，约60种，产于热带美洲及非洲，现于热带地区广泛栽培。我国引种栽培有1属1种。

番木瓜 *Carica papaya*（番木瓜属）

常绿，高达8—10米，具乳汁。叶大，近盾形，直径可达60厘米，通常5—9深裂。花单性或两性。花冠乳黄色或黄白色。浆果肉质，成熟时橙黄色或黄色；种子多数，成熟时黑色，外种皮肉质。

原产于热带美洲。我国西南、华南及台湾等地区广泛栽培。食用。

观察地点：展览温室。偶见开花。

秋海棠科 BEGONIACEAE

多年生肉质草本，稀亚灌木。单叶互生，偶复叶，边缘具齿或分裂，通常基部偏斜；具长柄。花单性，雌雄同株，偶异株，聚伞花序；花被片花瓣状；雄花被片2—4，离生极稀合生，雄蕊多数，花丝离生或基部合生；雌花被片2—5，离生，稀合生；雌蕊由2—5枚心皮形成；子房下位稀半下位，1室，具3个侧膜胎座或2—3—4室，中轴胎座。蒴果，有时呈浆果状。

本科约5属，1000多种。广泛分布于热带和亚热带地区。中国仅1属，130多种，主要分布于南部和中部地区。

铁甲秋海棠 Begonia masoniana（秋海棠属）

多年生草本。叶均基生，通常1片，具长柄；叶片两侧极不相等，先端急尖或短尾尖，基部深心形，边缘有长芒齿，上面被锥状长硬毛。花葶高38—54厘米；花黄色，4—5回圆锥状二歧聚伞花序；雄花：花被片4，外轮2枚，宽卵形或半圆形，雄蕊多数；雌花：花被片3，外轮2枚，长圆倒卵形；子房长圆形，被带紫色长毛，具3窄翅。

产于广西。生于山地山坡石灰岩石上和密林湿土石穴上或山坡沟边灌丛下。

观察地点：展览温室。花期5—7月，果期9月开始。

葫芦科 CUCURBITACEAE

一年生或多年生藤本，极稀灌木或乔木状。常具卷须，生叶柄侧基部。叶互生；叶片不分裂或掌状裂至复叶。花极多单性，雌雄同株或异株。雄花：花萼5裂；花冠合生至分离，5裂；雄蕊5或3，花丝分离或合生。雌花：子房常下位，常由3心皮合生，侧膜胎座。果实大型至小型，常为肉质浆果状或果皮木质。种子常多数。

本科约113属，800种，大多数分布于热带和亚热带地区，少数种类散布到温带地区。我国有32属，154种，主要分布于西南部和南部地区，少数散布到北部地区。

葫芦 Lagenaria siceraria（葫芦属）

一年生攀缘草本。叶柄纤细，长16—20厘米；叶片卵状心形或肾状卵形，长宽均10—35厘米，不分裂或3—5裂。卷须上部分叉。雌雄同株，雌、雄花均单生。雄花花冠黄色，裂片皱波状。雌花子房中间缢细。果实初为绿色，后变白色至带黄色，果形多种。

我国各地栽培。亦广泛栽培于世界热带到温带地区。食用、药用。

观察地点： 农事园地。花果期6—10月。

黄瓜 Cucumis sativus（黄瓜属）

一年生蔓生或攀援草本。卷须具白色柔毛。叶柄长10—16（—20）厘米；叶片宽卵状心形，长宽均7—20厘米，3—5个角或浅裂。雌雄同株。子房纺锤形，粗糙，有小刺状突起。果实长圆形或圆柱形，长10—30（—50）厘米，熟时黄绿色。

我国各地普遍栽培。食用、药用。

观察地点： 农事园地。花果期5—10月。

赤瓟(bó) Thladiantha dubia（赤瓟属）

全株被黄白色硬毛。叶柄长2—6厘米；叶片宽卵状心形，长5—8厘米，边缘浅波状，有大小不等的细齿，基部心形。雌雄异株。果实卵状长圆形，长4—5厘米，表面橙黄色或红棕色，有光泽，具10条明显的纵纹。种子卵形，黑色。

产于东北、华北及西北等地区。生于山坡、河谷及林缘湿处。药用。

观察地点： 农事园地等处。花果期6—10月。

黄瓜
赤瓟（bó）

千屈菜科 LYTHRACEAE

草本、灌木或乔木；枝通常四棱形。叶对生，稀轮生或互生，全缘，叶片下面有时具黑色腺点；花两性，通常辐射对称，单生或簇生，或穗状花序、总状花序或圆锥花序；花萼筒状或钟状，3—6裂；花瓣与萼裂片同数或无花瓣，雄蕊通常为花瓣的倍数；子房上位，2—16室，中轴胎座；蒴果革质或膜质；种子多数。

本科约25属，550种，广泛分布于全世界，主要分布于热带和亚热带地区。我国有1属，约47种，南北均有。

紫薇 Lagerstroemia indica（紫薇属）

落叶灌木或小乔木。树皮平滑；小枝具4棱。叶互生或有时对生，纸质，椭圆形、阔矩圆形或倒卵形，长2.5—7厘米，顶端短尖或钝形。花淡红色或紫色、白色，直径3—4厘米，常组成顶生圆锥花序；花瓣6，皱缩，长12—20毫米，具长爪；雄蕊36—42；子房3—6室。蒴果椭圆状球形或阔椭圆形。种子有翅。

我国广泛栽培。观赏、木材，树皮、叶及花入药。

观察地点：紫薇园。花期6—9月，果期9—12月。

千屈菜 Lythrum salicaria（千屈菜属）

多年生草本。茎直立多分枝，枝通常具4棱。叶对生或三叶轮生，披针形或阔披针形，长4—6厘米，全缘。花组成小聚伞花序，簇生，花枝全形似一大型穗状花序；花瓣6，红紫色或淡紫色，倒披针状长椭圆形，长7—8毫米，有短爪；雄蕊12，6长6短，伸出萼筒之外；子房2室。蒴果扁圆形。

产于全国各地；生于河岸、湖畔、溪沟边和潮湿草地。观赏、入药。

观察地点：水生与藤本园。花期7—9月。

菱科 TRAPACEAE

一年生浮水或半挺水草本。叶二型：沉水叶互生；浮水叶互生或轮生状，先后发出多数绿叶集聚于茎的顶部；叶柄上部膨大成海绵质气囊。花小，两性，单生于叶腋；花萼裂片4；花瓣4；雄蕊4，排成2轮。果实为坚果状，革质或木质，在水中成熟，常有刺状角1—4个。

本科仅有1属，20余种。分布于欧亚及非洲温暖地区，北美和澳大利亚有引种栽培。我国有15种，产于全国各地。

菱 Trapa bispinosa（菱属）

一年生浮水水生草本。根二型：着泥根，细铁丝状；绿色根，羽状细裂。叶二型：浮水叶互生，聚生于顶端，叶片菱圆形，长3.5—4厘米，叶边缘中上部具圆凹齿或锯齿，中下部全缘。花小；萼筒4深裂；花瓣4，白色；雄蕊4。果三角状菱形，边具2刺角。

产于东北、华北、华东、华中及华南等地区水域。果实供食用。

观察地点：水生与藤本园。花果期5—10月。

桃金娘科 MYRTACEAE

乔木或灌木。单叶对生或互生，具羽状脉或基出脉，全缘，常有油腺点。花两性，有时杂性，单生或排成各式花序；萼管与子房合生，萼片4—5或更多；花瓣4—5，分离或连成帽状体；雄蕊多数，花丝分离或连成短管，花药2室；子房下位或半下位，心皮2至多个，1室或多室，胚珠每室1至多颗。蒴果、浆果、核果或坚果。

本科约100属，3000种以上，主要分布于美洲热带、大洋洲及亚洲热带。我国原产及驯化的有9属，126种，8变种，主要产于广东、广西及云南等靠近热带的地区。

红千层 Callistemon rigidus（红千层属）

小乔木。树皮坚硬，灰褐色。叶片坚革质，线形，长5—9厘米，先端尖锐，油腺点明显，叶柄极短。穗状花序生于枝顶；萼管略被毛，萼齿半圆形，近膜质；花瓣绿色，卵形，有油腺点；雄蕊鲜红色，花药暗紫色，椭圆形；花柱比雄蕊稍长，先端绿色，其余红色。蒴果半球形，先端平截，萼管口圆，果瓣稍下陷。

原产于澳大利亚。我国广东及广西有栽培。观赏。

观察地点：展览温室。花期6—8月。

蒲桃 Syzygium jambos（蒲桃属）

乔木。多分枝；小枝圆形。叶片革质，披针形或长圆形，长12—25厘米，先端长渐尖，基部阔楔形，叶面多透明细小腺点，侧脉12—16对。聚伞花序顶生，花白色，直径3—4厘米；萼管倒圆锥形，萼齿4，半圆形；花瓣分离，阔卵形；花柱与雄蕊等长。果实球形，果皮肉质，直径3—5厘米，成熟时黄色，有油腺点。

产于台湾、福建、广东、广西、贵州、云南等地区。喜生河边及河谷湿地。

观察地点：展览温室。花期3—4月，果实5—6月成熟。

红千层

蒲桃

石榴科 PUNICACEAE

落叶乔木或灌木。单叶对生或簇生，有时呈螺旋状排列。花顶生或近顶生，单生或几朵簇生或组成聚伞花序，两性，辐射对称；萼革质，萼管与子房贴生，且高于子房，近钟形，裂片5—9，宿存；花瓣5—9；雄蕊生萼筒内壁上部，花丝分离，子房下位或半下位，心皮多数，1轮或2—3轮，胚珠多数。浆果球形，顶端有宿存花萼裂片，种子多数。

本科仅1属，2种，产于地中海至亚洲西部地区。我国引入栽培的有1种。

石榴 Punica granatum（石榴属）

落叶灌木或乔木，通常3—5米，枝顶常成尖锐长刺，幼枝具棱。叶常对生，纸质，矩圆状披针形。花1—5朵生枝顶；萼筒红色或淡黄色；花瓣红色、黄色或白色，顶端圆形。浆果近球形，直径5—12厘米，淡黄褐色或淡黄绿色，种子多数，内质外种皮，红色至乳白色。

原产于巴尔干半岛至伊朗及其邻近地区。观赏、食用、入药。

观察地点：树木园。花期6—7月，果期8—9月。

使君子科 COMBRETACEAE

乔木、灌木或稀木质藤本，有些具刺。单叶对生或互生，极少轮生，常全缘或稍呈波状。花通常两性，常辐射对称，花萼裂片4—5(—8)；花瓣4—5或不存在。坚果、核果或翅果，常有2—5棱；种子1颗。

本科约18属，450余种，主产于热带。我国有6属，25种，分布于长江以南各省区，主产于云南、广东、海南。

使君子 Quisqualis indica（使君子属）

攀缘状灌木，高2—8米；小枝被棕黄色短柔毛。叶对生或近对生，叶卵形或椭圆形，长5—11厘米，先端短渐尖。顶生穗状花序，组成伞房花序式；花瓣5，长1.8—2.4厘米，初为白色，后转淡红色；雄蕊10。果卵形，长2.7—4厘米，具明显的锐棱角5条。

产于四川、贵州至南岭以南各地区。分布于印度、缅甸至菲律宾。种子可入药。

观察地点：展览温室。花期初夏，果期秋末。

柳叶菜科 ONAGRACEAE

一年生或多年生草本，半灌木或灌木，稀小乔木。叶互生或对生。花两性，稀单性，辐射对称或两侧对称，单生于叶腋或成穗状、总状或圆锥花序。花常4数；萼片4或5；花瓣4或5；雄蕊4，或8或10排成2轮；子房下位，4—5室，中轴胎座；花柱1，柱头头状、棍棒状或具裂片。果为蒴果，浆果或坚果。种子为倒生胚珠，多数或少数。

本科共15属，约650种，广泛分布于全世界温带与热带地区，大多数属分布于北美西部。我国有7属，68种，8亚种，广泛分布于全国各地。

小花柳叶菜 Epilobium parviflorum（柳叶菜属）

多年生草本，直立。叶对生，茎上部的互生，狭披针形或长圆状披针形，长3—12厘米，先端近锐尖，基部圆形，边缘具齿，两面被长柔毛。总状花序直立，常分枝；苞片叶状。子房密被直立短腺毛；萼片狭披针形，长2.5—6毫米；花瓣粉红色至鲜玫瑰紫红色，稀白色，宽倒卵形。蒴果长3—7厘米。

产于华北、西北、西南和华中。

观察地点： 本草园。花期6—9月，果期7—10月。

山桃草 Gaura lindheimeri（山桃草属）

多年生粗壮草本，常丛生。叶无柄，椭圆状披针形或倒披针形，向上渐变小，先端锐尖，基部楔形，边缘具齿突或波状齿。花序长穗状，生茎枝顶部，直立，长20—50厘米；苞片狭椭圆形、披针形或线形。花大，花瓣白色，后变粉红，倒卵形或椭圆形，长12—15毫米。蒴果坚果状，狭纺锤形，具明显的棱。

原产于北美，我国多地有引种，并逸为野生。观赏。

观察地点：宿根花卉园。花期5—8月，果期8—9月。

小花山桃草 Gaura parviflora（山桃草属）

一年生草本。全株密被灰白色长毛；茎直立不分枝。基生叶宽倒披针形，长达12厘米，先端锐尖，基部下延。茎生叶狭椭圆形，长2—10厘米。花序穗状，常下垂，长8—35厘米。花小，花管带红色，长1.5—3毫米；萼片绿色，线状披针形。花瓣白色，以后变红，基部具爪。蒴果坚果状，纺锤形，具不明显4棱。

原产于美国。我国有引种，并逸为野生。

观察地点：野生果树园杂草。花期7—8月，果期8—9月。

杉叶藻科 HIPPURIDACEAE

多年生水生草本。茎直立、多节。叶两型，轮生，沉水叶线状披针形；露水叶条形或狭长圆形，短粗而挺直。花细小，两性或单性；花萼具2—4齿裂或全缘；花瓣不存在；雄蕊1；子房下位。果为小坚果状，卵状椭圆形，内有1种子。

本科仅1属，3种，分布于全世界，尤以北温带较多。我国1属，2种，1变种，产于东北、华北、西北、西南及台湾地区。

杉叶藻 Hippuris vulgaris var. vulgaris（杉叶藻属）

全株光滑无毛，高8—150厘米。叶条形，轮生，两型；沉水叶线状披针形，长1.5—2.5厘米；露出水面的叶条形或狭长圆形，长1.5—2.5（—6）厘米。花细小，两性，稀单性。果为小坚果状，卵状椭圆形，长约1.2—1.5毫米。

产于东北、华北北部、西北、西南、台湾等地区。生于池沼、湖泊边缘及稻田等浅水中。

观察地点：水生与藤本园。花期4—9月，果期5—10月。

八角枫科 ALANGIACEAE

落叶乔木或灌木，稀攀援。单叶互生，全缘或掌状分裂。花序腋生，常聚伞状。花两性，花萼小，钟形与子房合生，花瓣4—10，线形，花开后上部常向外卷。核果，顶端有宿存的萼齿和花盘。

本科仅1属。

瓜木 Alangium platanifolium（八角枫属）

落叶灌木或小乔木，高5—7米；小枝纤细，略呈“之”字形。叶椭圆形，基部不对称，长11—13(—18)厘米，边缘呈波状或钝锯齿状，主脉3—5条。聚伞花序；花萼近钟形，裂片5，花瓣6—7，线形，紫红色。核果长8—12毫米，有种子1颗。

产于吉林、辽宁、河北、河南、陕西、山东、浙江、云南和台湾等地区。

观察地点：桑榆园。花果期3—9月。

山茱萸科 CORNACEAE

落叶乔木或灌本，稀常绿或草木。单叶对生（稀互生或近轮生），通常叶脉羽状，稀掌状，边缘全缘或有锯齿；无托叶或托叶纤毛状。花两性或单性异株，为圆锥、聚伞、伞形或头状等花序，有苞片或总苞片；花3—5数；花瓣3—5，通常白色；雄蕊与花瓣同数而与之互生；子房下位，1—4（—5）室。核果或浆果状核果。

本科共15属，119种，世界广泛分布，东亚最多。我国有9属，约60种，除新疆外其余各地区均有分布。

欧洲山茱萸 Cornus mas（山茱萸属）

小乔木或灌木。株高6—8米，树冠近圆形。单叶对生，卵形，长5—10厘米。叶脉3—5对。伞形花序，花黄色，船形总苞4个，下垂，于二三月先叶开放。核果，长1.6厘米，宽1.3厘米，深红色。

原产于欧洲中部及南部，西亚。观赏。

观察地点： 木本实验地。花期2—3月，果期6月。

山茱萸 Cornus officinalis（山茱萸属）

小乔木或灌木。叶对生，纸质，卵状披针形或椭圆形，全缘，脉腋密生淡褐色丛毛，侧脉6—7对。伞形花序生于枝侧；总花梗长约2毫米，两性花先叶开放；花萼裂片4，阔三角形；花瓣4，舌状披针形，黄色；雄蕊4，与花瓣互生，花盘垫状，无毛；子房下位，花托倒卵形。核果长椭圆形，红色至紫红色。

产于华北、华东和华中。观赏、药用。

观察地点： 本草园、蔷薇园。花期3—4月；果期9—10月。

日本四照花 Dendrobenthamia japonica（四照花属）

小乔木。叶对生，薄纸质，卵形或卵状椭圆形，长5.5—12厘米，先端渐尖，有尖尾，背面淡绿色。头状花序球形，由40—50朵花聚集而成；总苞片4，白色，卵形或卵状披针形；子房下位，花柱圆柱形。果序球形，熟时红色；总果梗纤细，近于无毛。

原产于朝鲜和日本。我国东南各地区有栽培。观赏，果可食。

观察地点： 本草园。花期4—5月。果期6—7月。

山茱萸

日本四照花

四照花 Dendrobenthamia japonica var. chinensis（四照花属）

乔木，高2~5米，小枝灰褐色。叶对生，纸质，卵形、卵状椭圆形或椭圆形，先端急尖为尾状，基部圆形，表面绿色，背面粉绿色，叶脉羽状弧形上弯，侧脉4~5对。

产于华北、华东、西南和华中各地区。果实可食，又可作为酿酒原料。

观察地点：水生与藤本园南侧。

与日本四照花的主要区别：叶为纸质或厚纸质，背面粉绿色，花萼内侧有一圈褐色短柔毛。

红瑞木 Swida alba（梾木属）

灌木。高达3米，树皮紫红色。叶对生，纸质，椭圆形，稀卵圆形，先端突尖，基部楔形或阔楔形，全缘或波状。伞房状聚伞花序顶生；花白色或淡黄白色，花萼裂片4；花瓣4；雄蕊4，着生于花盘外侧；花盘垫状；子房下位。核果长圆形。

产于东北、华北和华东各地区。观赏。

观察地点：栎园、本草园。花期6—7月；果期8—10月。

四照花

红瑞木

五加科 ARALIACEAE

乔木、灌木或木质藤本，稀多年生草本，有刺或无刺。叶互生，稀轮生，单叶、掌状复叶或羽状复叶；托叶通常与叶柄基部合生，稀无托叶。花整齐，两性或杂性，稀单性异株，为伞形、头状、总状或穗状花序；苞片宿存或早落；小苞片不显著；萼筒与子房合生，边缘波状或有萼齿；花瓣5—10，通常离生；子房下位，2—15室；花盘上位，肉质；浆果或核果。

本科约80属，900多种，分布于热带至温带地区。我国有22属，160多种，除新疆外分布于全国各地。

无梗五加 Acanthopanax sessiliflorus（五加属）

灌木或小乔木。枝无刺或疏生刺。叶柄长3—12厘米，无刺或有小刺；有小叶3—5；小叶片纸质，倒卵形，先端渐尖，基部楔形，两面均无毛，边缘有锯齿；小叶柄长2—10毫米。头状花序紧密，常5—6个组成顶生圆锥花序或复伞形花序；花瓣卵形，浓紫色；子房2室，花柱合生，柱头离生。果实倒卵状椭圆球形。

分布于我国东北和华北。根皮入药，称“五加皮”。

观察地点：水杉林、桑榆园西侧。花期8—9月，果期9—10月。

辽东楤木 Aralia elata（楤木属）

灌木或小乔木。小枝疏生多数细刺。二回或三回羽状复叶，小叶片边缘疏生锯齿。由多数小伞形花序组成圆锥花序。花黄白色；花瓣5，子房5室；花柱5。果实球形，直径4毫米，有5棱。

分布于我国东北地区。

观察地点：本草园、桑榆园西侧。花期6—8月，果期9—10月。

八角金盘 Fatsia japonica（八角金盘属）

常绿灌木或小乔木。茎光滑无刺。叶柄长10—30厘米；叶片大，革质，近圆形，直径12—30厘米，掌状7—9深裂，有粒状突起，边缘有疏离粗锯齿，边缘有时呈金黄色。由多数小伞形花序组成顶生圆锥花序。花瓣5，黄白色，无毛；雄蕊5；子房下位，5室；花盘凸起半圆形。果近球形，熟时黑色。

原产于琉球群岛，现全世界温暖地区广泛栽培。观赏，叶、根、皮均可入药。

观察地点：展览温室。花期10—11月，果熟期第二年4月。

辽东楤木

八角金盘

常春藤 *Hedera nepalensis* var. *sinensis*（常春藤属）

常绿木质藤本。茎长3—20米，有气生根。叶片革质，营养枝上常为三角状卵形，先端短渐尖，基部截形，边缘全缘或3裂，花枝上的叶片常为椭圆状卵形至披针形。伞形花序单个顶生，或2—7个总状排列或伞房状排列成圆锥花序；花淡黄白色或淡绿白色；雄蕊5。果球形，红色或黄色，直径7—13毫米。

分布于华南、华中、华东和西南。观赏、入药。

观察地点：展览温室、栎园。花期9—11月，果期第二年3—5月。

刺楸 *Kalopanax septemlobus*（刺楸属）

乔木。小枝散生粗刺；刺基部宽阔扁平。叶片纸质，长枝上互生，短枝上簇生，圆形或近圆形，掌状5—7浅裂。圆锥花序大；伞形花序有花多数；总花梗细长无毛；花白色或淡绿黄色；萼无毛，边缘有5小齿；花瓣三角状卵形；雄蕊5；子房2室，花盘隆起；花柱合生，柱头离生。果实球形，蓝黑色。

分布于我国南北各地。木材；根可入药，嫩叶可食。

观察地点：蔷薇园、水生与藤本园西南侧。花期7—10月，果期9—12月。

常春藤
刺楸

鹅掌藤 Schefflera arboricola（鹅掌柴属）

木质藤本。小枝有不规则纵皱纹，无毛。有小叶5—10；托叶和叶柄基部合生成鞘状；小叶片革质，倒卵状长圆形或长圆形，先端急尖或钝形。圆锥花序顶生；伞形花序有花3—10朵；苞片阔卵形；花白色；花瓣5—6；雄蕊和花瓣同数而等长；子房5—6室；无花柱，柱头5—6；果实卵形，有5棱；花盘五角形。

产于台湾、广西、广东及海南。全草药用。

观察地点：展览温室。花期7月，果期8月。

通脱木 Tetrapanax papyrifer（通脱木属）

常绿灌木或小乔木。新枝有明显的叶痕和大型皮孔，幼时密生黄色星状厚绒毛，后毛渐脱落。叶集生茎顶；叶片纸质或薄革质，掌状5—11裂，边缘全缘或疏生粗齿；托叶和叶柄基部合生。圆锥花序长达50厘米；伞形花序直径1—1.5厘米；花淡黄白色；花瓣外面密生星状厚绒毛；果实球形，紫黑色。

分布于西南、华东、华中和华南。可入药。

观察地点：科研办公区，植物园办公楼南侧。花期10—12月，果期第二年1—2月。

鹅掌藤

通脱木

伞形科 APIACEAE

一年生至多年生草本，稀矮小灌木。茎直立或匍匐。叶互生，1回掌状分裂或1—4回羽状分裂的复叶，或1—2回三出式羽状分裂的复叶，稀单叶；叶柄的基部有叶鞘。花两性或杂性，复伞形花序或单伞形花序，稀头状花序；伞形花序基部有总苞片；小伞形花序的基部有小总苞片；花萼与子房贴生，萼齿5或无；花瓣5，基部窄狭；雄蕊5。子房下位，2室；花柱2。双悬果。

本科共200余属，2500种，广泛分布于全球热带和温带。我国约90余属。

欧当归 Levisticum officinale（欧当归属）

多年生草本。茎光滑，中空，有纵沟纹。基生叶和茎下部叶二至三回羽状分裂，长叶柄基部膨大，带紫红色的叶鞘；上部叶通常一回羽状分裂；复伞形花序直径约12厘米，伞辐12—20，为披针形，顶端长渐尖；小伞形花序近圆球形，花黄绿色，花瓣椭圆形，基部有短爪，花柱基短圆锥状。分生果椭圆形，黄褐色。

原产于亚洲西部。我国北部各地区均有栽培。全草药用，也可作调味料和食用。

观察地点：本草园。花期6—8月，果期8—9月。

水芹 Oenanthe javanica（水芹属）

多年生草本。直立或基部匍匐。基生叶有叶鞘；叶片轮廓三角形，1—2回羽状分裂；上部叶无柄，裂片和基生叶的裂片相似。复伞形花序顶生，花序梗长2—16厘米；无总苞；伞辐6—16，不等长；小总苞片2—8；小伞形花序有花20余朵；萼齿线状披针形；花柱基圆锥形。果近四角状椭圆形，长2.5—3毫米。

产于我国各地。多生于池沼、水沟旁。茎叶可食用，全草也作药用。

观察地点：水生与藤本园。花期6—7月，果期8—9月。

防风 Saposhnikovia divaricata（防风属）

多年生草本。高30—80厘米，茎基部分枝较多，有细棱。基生叶丛生，有长柄。叶片卵形或长圆形，长14—35厘米，第一回裂片卵形或长圆形，第二回裂片下部具短柄，茎生叶较小，顶生叶简化，有宽叶鞘。复伞形花序；伞辐5—7，长3—5厘米；小伞形花序有花4—10。双悬果狭圆形或椭圆形，长4—5毫米。

产于我国北部和东北部。生长于草原、丘陵、多砾石山坡。根供药用。

观察地点：本草园。花期8—9月，果期9—10月。

水芹

防风

杜鹃花科 ERICACEAE

木本植物；通常常绿。叶常互生，不分裂，被各式毛或鳞片，或无；无托叶。花单生或组成花序，顶生或腋生；具苞片；花萼4—5裂，宿存，有时花后肉质；花瓣合生，稀离生，花冠通常5裂；雄蕊多为花冠裂片的2倍，花药顶孔开裂，稀纵裂；花粉粒常为四分体；花盘盘状；子房常5室，每室常多胚珠；花柱和柱头单一。蒴果或浆果；种子小。

本科约103属，3350种，广泛分布于南、北半球除沙漠外的温带及北半球亚寒带，少数在北极分布，也分布于热带高山，大洋洲种类极少。我国有15属，约800种，分布于全国各地，主产地在西南部山区。

迎红杜鹃 Rhododendron mucronulatum（杜鹃属）

落叶灌木，高1—2米，分枝多。叶片质薄，椭圆形或椭圆状披针形，长3—7厘米，上面疏生褐色鳞片；叶柄长3—5毫米。花序1—3花，先叶开放，伞形着生；芽鳞宿存；花梗长5—10毫米；花冠宽漏斗状，长2.3—2.8厘米，淡红紫色；雄蕊10，不等长；子房5室，密被鳞片，花柱光滑。蒴果长圆形，先端5瓣开裂。

产于内蒙古、辽宁、北京、河北、山东、江苏等地区。

观察地点：本草园、松柏园。花期4月，果期5—6月。

照山白 Rhododendron micranthum（杜鹃属）

常绿灌木。叶近革质，倒披针形、长圆状椭圆形至披针形，长（1.5—）3—4（—6）厘米，上面深绿色，有光泽，下面黄绿色，被鳞片。多花组成密集的顶生总状花序，花冠白色，钟状，长6—8毫米，径约1厘米；雄蕊10，花丝无毛；子房长1—3毫米，密被鳞片，花柱无鳞片。蒴果长圆形，被疏鳞片。

广布于我国东北、华北、西北及华中等地区。本种有剧毒。观赏。

观察地点：本草园、松柏园。花期5—6月，果期8—11月。

迎红杜鹃

照山白

报春花科 PRIMULACEAE

草本，稀为亚灌木。茎具互生、对生或轮生之叶，或无地上茎而叶全部基生。花单生或组成总状、伞形或穗状花序，辐射对称；花萼通常5裂，宿存；花冠具筒，上部通常5裂，仅海乳草属 *Glaux* L. 无花冠；雄蕊与花冠裂片同数而对生，极少具退化雄蕊；子房常上位；花柱单一；胚珠通常多数，生于中央胎座上。蒴果通常5裂；种子小。

本科共22属，近1000种，分布于全世界，主产于北半球温带。我国有13属，近500种，产于全国各地区，尤以西部高原和山区种类特别丰富。

欧洲报春 Primula vulgaris（报春花属）

多年生草本花卉。叶长圆形或长圆状倒卵形，有白色腺毛，5—7厘米长，顶端钝，基部渐狭为短柄。伞房花序多花密集，色泽艳丽，有白、粉红、洋红、蓝、紫、黄等，花冠喉部收缩，具鳞片状附属物。

原产于欧洲。花多艳丽，可栽培供观赏。

观察地点：展览温室。花期2—4月。

点地梅 Androsace umbellata（点地梅属）

一或二年生草本。叶全部基生，叶片近圆形或卵圆形，直径5—20毫米，边缘具三角状钝牙齿，两面均被贴伏的短柔毛；叶柄长1—4厘米。花葶高4—15厘米，被白色短柔毛。伞形花序4—15花；苞片卵形至披针形；花梗长1—3厘米，果时伸长，被毛；花萼杯状，果期呈星状展开；花冠白色，喉部黄色。蒴果近球形。

产于东北、华北和秦岭以南各地区。全草可药用，可用于花境点缀。

观察地点：珍稀植物濒危园、本草园等地常见。花期3—4月，果期4—5月。

狼尾花 Lysimachia barystachys（过路黄属）

多年生草本。具横走的鲜红色根茎，全株密被卷曲柔毛。叶互生或近对生，长圆状披针形、倒披针形至线形，长4—10厘米，基部楔形，近无柄。总状花序顶生，密集多花，常转向一侧，弯垂；花序轴果时长达30厘米；花冠白色，长7—10毫米，基部合生；雄蕊内藏；子房无毛。蒴果球形，直径2.5—4毫米。

产于东北、华北、西北、华东至西南等地区。全草可药用，观赏。

观察地点：宿根花卉园、本草园。花期6—8月；果期8—10月。

点地梅

狼尾花

白花丹科 PLUMBAGINACEAE

灌木或草本。直立，有时攀援，常被钙质颗粒。单叶，互生或基生，常全缘；常无托叶。花两性，整齐，鲜艳，通常多朵集为小穗；小穗偏向一侧排列，基部有苞片1枚；每花基部具宿存小苞2或1枚。萼裂片5，多少联合；萼筒包于果实之外。花冠较萼长，由5枚多少联合的花瓣组成。雄蕊5，与花冠裂片对生。雌蕊1，由5心皮结合而成；子房上位，1室；胚珠1枚；花柱顶生，5枚。蒴果常5瓣裂。

本科21属，约580种，世界广布。主要产于北半球地中海区域和亚洲中部。我国有7属，约40种，分布于各地区，主产于新疆。一般喜生于日光充足的干旱环境。

蓝花丹 Plumbago auriculata（白花丹属）

常绿柔弱半灌木，蔓状或极开散。高约1米，除花序外无毛。叶薄，通常菱状卵形至狭长卵形。穗状花序含18—30枚花；具苞片及小苞片；萼长约1厘米，萼筒被腺毛；花冠淡蓝色至蓝白色，花冠筒长3.2—3.4厘米；雄蕊略露于喉部之外，花药蓝色；子房有5棱，上部突出成角。

原产于南非，引种栽培。观赏，根供药用。

观察地点：展览温室。花果期6—9月。

柿树科 EBENACEAE

乔木或直立灌木，多具黑色而坚硬的木材，少数有枝刺。单叶，常互生，全缘，无托叶，具羽状叶脉。花多半单性，通常雌雄异株，或为杂性，整齐；花萼常在果时增大，花冠3—7裂，早落；子房上位，2—16室，每室具1—2悬垂的胚珠；雄花中雌蕊退化或缺。浆果多肉质。

本科共3属，500余种，主要分布于热带地区。我国有1属，约57种。

柿 Diospyros kaki（柿属）

乔木。树皮裂成长方块状。叶纸质，卵状椭圆形至倒卵形或近圆形，长5—18厘米。花雌雄异株，间同株的，聚伞花序腋生；雄花序有花3—5朵；花萼4裂；花冠钟状，黄白色，雄蕊16—24枚。雌花单生叶腋；花冠淡黄白色或带紫红色，壶形或近钟形，4裂。果大，形状多种，熟时橙黄色。

原产于我国长江流域。食用、药用及用材。

观察地点：本草园、栎园、野生果树园。花期6—7月，果期9—10月。

君迁子 Diospyros lotus（柿属）

乔木。树皮深裂或不规则的厚块状剥落。叶近膜质，椭圆形至长椭圆形，长5—13厘米。雄花1—3朵簇生叶腋，近无梗；花萼钟形，常4裂；花冠壶形，带红色或淡黄色，4裂；雄蕊16枚，每2枚连生成对；雌花单生，几乎无梗，淡绿色或带红色；花萼4深裂；花冠壶形，长约6毫米，4裂，偶5裂。果近球形或椭圆形，直径1—2厘米，初熟时为淡黄色，后为蓝黑色；萼宿存。

产于东北、华北、西北、华中及西南等地区。食用、药用、制漆、用材，也可作柿树砧木。

观察地点： 宿根花卉园、科研办公区。花期5—6月，果期10—11月。

老鸦柿 Diospyros rhombifolia（柿属）

小乔木。树皮灰色，平滑；有枝刺。叶纸质，菱状倒卵形。花萼4深裂，花冠壶形。雄花有雄蕊16枚；雌花：散生当年生枝下部，子房卵形，密生长柔毛。果单生，球形，直径约2厘米，熟时橘红色，变无毛；种子褐色，半球形或近三棱形。

产于浙江、江苏、安徽、江西、福建等地。可作柿树砧木。

观察地点： 本草园。花期5—6月，果期9—10月。

安息香科 STYRACACEAE

乔木或灌木，常被星状毛或鳞片状毛。单叶，互生，无托叶。多顶生或腋生的总状等花序；花两性，很少杂性，辐射对称；花萼杯状；花冠合瓣，极少离瓣，裂片通常4—5，很少6—8，镊合状或覆瓦状排列；雄蕊常为花冠裂片数的2倍，稀4倍或同数，花丝通常合生成管；子房3—5室，每室有胚珠1至多颗，倒生。核果或蒴果，稀浆果，具宿存花萼。

本科约11属，180种，主要分布于东南亚和美洲。我国产9属，约50种，主要种类集中于亚热带地区。

秤锤树 Sinojackia xylocarpa（秤锤树属）

乔木。叶纸质，倒卵形或椭圆形，长3—9厘米，生于具花小枝基部的叶卵形而较小。总状聚伞花序生于侧枝顶端，有花3—5朵；花梗柔弱而下垂，长达3厘米；花冠裂片长圆状椭圆形，长8—12毫米，两面均密被星状绒毛；雄蕊10—14枚；花柱线形。果实卵形，红褐色，顶端具圆锥状的喙；种子1颗。

产于江苏。

观察地点： 珍稀濒危园。花期4—5月，果期7—9月。

木犀科 Oleaceae

乔木或灌木。叶对生，稀互生或轮生，单叶或复叶，稀羽状分裂；具叶柄，无托叶。花辐射对称，两性，稀单性或杂性，雌雄同株、异株或杂性异株，通常具复合型的圆锥花序，顶生或腋生，稀单生；花萼4裂，有时多达12裂，稀无花萼；花冠4裂，有时多达12裂，稀无花冠；雄蕊2枚，稀4枚；子房上位，由2心皮组成2室。果为翅果、蒴果等多种；种子具1枚伸直的胚。

本科约27属，400余种，广泛分布于两半球的热带和温带地区，亚洲地区种类尤为丰富。我国产12属，约200种，南北各地均有分布。

流苏树 Chionanthus retusus（流苏树属）

乔木。小枝灰褐色或黑灰色。叶片革质，长圆形或多变异，长3—12厘米，全缘或有小锯齿；叶柄长0.5—2厘米。聚伞状圆锥花序，长3—12厘米，顶生；花长1.2—2.5厘米，单性雌雄异株或两性；花萼4深裂；花冠白色，4深裂，裂片线状倒披针形；果椭圆形，被白粉，径6—10毫米，熟时呈蓝黑色。

产于华北、西北，南至福建、台湾地区。可代茶，榨芳香油，用材或观赏。

观察地点：树木园、科研办公区、养护温室西侧。花期6月，果期8—10月。

雪柳 *Fontanesia fortunei*（雪柳属）

灌木或小乔木。树皮灰褐色，枝灰白色。叶片纸质，披针形至狭卵形，长3—12厘米，全缘；叶柄短。圆锥花序顶生或腋生；花两性或杂性同株；花萼微小，杯状；花冠深裂，裂片长2—3毫米，基部合生。果黄棕色，扁平，倒卵形；种子长约3毫米，具三棱。

产于华北、华中及华东等地。嫩叶可代茶。

观察地点：本草园。花期5—6月，果期7—8月。

洋白蜡 *Fraxinus pennsylvanica*（梣属）

乔木。树皮粗糙，皱裂，小枝红棕色。羽状复叶长18—44厘米；叶柄长2—5厘米；小叶7—9枚，薄革质，长圆状披针形至椭圆形，叶缘具不明显钝锯齿或近全缘。圆锥花序生于去年生枝上，长5—20厘米；花密集，雄花与两性花异株，与叶同时开放；雄花花萼小；两性花花萼较宽。翅果狭倒披针形，长3—5（—7）厘米。

原产于美国。我国各地引种。绿化、观赏。

观察地点：树木园。花期4月，果期8—10月。

雪柳

洋白蜡

迎春 *Jasminum nudiflorum*（素馨属）

灌木，枝条常下垂。叶对生，三出复叶，小枝基部常具单叶；叶轴具狭翼；小叶片卵形至椭圆形，侧脉不明显；顶生小叶较大，长1—3厘米；单叶稍小。花单生；花萼绿色，裂片5—6枚；花冠黄色，径2—2.5厘米，花冠管长0.8—2厘米。

产于西北及西南一些地区，各地普遍栽培。

观察地点：牡丹园、松柏园。花期4—6月。

小叶女贞 *Ligustrum quihoui*（女贞属）

灌木。叶片薄革质，形状和大小变异较大，披针形至椭圆形，长1—4（—5.5）厘米，宽0.5—2（—3）厘米。圆锥花序顶生，近圆柱形，长4—15（—22）厘米；花冠长4—5毫米，花冠管长2.5—3毫米；雄蕊伸出裂片外。果熟时紫黑色。

产于秦淮以南的亚热带地区。药用。

观察地点：环保植物园。花期6—7月，果期8—11月。

迎春

小叶女贞

木犀（桂花）Osmanthus fragrans（木犀属）

常绿乔木或灌木。树皮灰褐色，小枝黄褐色。叶片革质，椭圆形或椭圆状披针形，长7—14.5厘米，全缘或通常上半部具细锯齿。聚伞花序簇生于叶腋；花梗细弱；花极芳香；花冠黄白色至橘红色，长3—4毫米。果歪斜，椭圆形，长1—1.5厘米，呈紫黑色。

原产于我国西南部。现各地广泛栽培。花为名贵香料，并作天然食品添加剂。

观察地点：展览温室。花期9—10月上旬，果期第二年3—4月。

紫丁香 Syringa oblata（丁香属）

灌木或小乔木。叶革质或厚纸质，卵圆形至肾形，宽常大于长，长2—14厘米，先端短凸尖至长渐尖或锐尖，基部心形至近圆形；叶柄长1—3厘米。圆锥花序直立，长4—16（—20）厘米；花冠紫色，长1.1—2厘米，花冠管圆柱形，长0.8—1.7厘米。果卵形至长椭圆形，长1—1.5（—2）厘米，先端长渐尖，光滑。

产于东北、华北、西北（除新疆）以至四川西北部。观赏。

观察地点：丁香园。花期4—5月，果期6—10月。

木犀（桂花）

紫丁香

马钱科 LOGANIACEAE

乔木、灌木、藤本或草本。单叶对生或轮生，稀互生，全缘或有锯齿。花通常两性，辐射对称，单生或双生，或组成圆锥状至头状等复合花序；花萼4—5裂；合瓣花冠，4—5裂，少数8—16裂；雄蕊与花冠裂片同数，且与其互生；子房上位，稀半下位，通常2室，胚珠每室多颗，稀1颗。果为蒴果、浆果或核果；种子有时具翅。

本科约28属，550种，分布于热带至温带地区。我国产8属，50余种，主要分布于西南部至东部。

互叶醉鱼草 Buddleja alternifolia（醉鱼草属）

灌木。长枝常弧状弯垂，短枝簇生。叶在长枝上互生，在短枝上为簇生，叶片披针形或更狭，通常全缘或有波状齿，下面密被灰白色星状短绒毛。圆锥状聚伞花序；花冠紫蓝色，外面被星状毛。蒴果椭圆状，种子边缘有短翅。

产于内蒙古、河北、山西、陕西、宁夏、甘肃、青海、河南、四川和西藏等地区。

观察地点： 本草园、水生与藤本园。花期5—7月，果期7—10月。

夹竹桃科 APOCYNACEAE

乔木、灌木、藤木或草本；具乳汁或水液。单叶对生、轮生，稀互生，全缘，稀有细齿；羽状脉；通常无托叶。花两性，辐射对称，单生或成聚伞花序；花萼5裂，稀4，基部合生；花冠合瓣，高脚碟状、漏斗状等，裂片5枚，稀4枚，覆瓦状排列，花冠喉部通常有副花冠等附属体；雄蕊5枚；花粉颗粒状；子房上位，稀半下位，1—2室，或为2枚心皮组成。果为浆果、核果、蒴果或蓇葖；种子通常一端被毛。

本科约250属，2000余种，分布于热带、亚热带地区，少数在温带地区。我国产46属，176种及33变种，主要分布于长江以南各地区。

软枝黄蝉 Allemanda cathartica（黄蝉属）

藤状，长达4米；枝条软弯垂，具白色乳汁。叶纸质，通常3—4枚轮生，全缘，倒卵形或倒卵状披针形，长6—12厘米。花具短花梗；花冠橙黄色，大形，长7—11厘米，直径9—11厘米，内面具红褐色的脉纹，花冠裂片顶端圆形。蒴果球形，直径约3厘米，具长达1厘米的刺。

原产于巴西，现在我国很多地区有栽培。热带地区多露天用作行道树及绿化。

观察地点：展览温室。花期春夏两季，果期冬季。

罗布麻 Apocynum venetum（罗布麻属）

灌木。枝条光滑无毛，紫红色或淡红色。叶对生，叶片披针形至长圆形，长1—5厘米，基部急尖至钝，叶缘具细齿。通常顶生聚伞花序；花萼5深裂；花冠圆筒状钟形，紫红色或粉红色，花冠筒长6—8毫米；雄蕊隐藏在花喉内。蓇葖2，平行或叉生，下垂，长8—20厘米；种子多数，长2—3毫米毛；种毛长1.5—2.5厘米。

分布于西北、华北等地区。

观察地点：本草园。花期4—9月，果期9—11月。

黄花夹竹桃 Thevetia peruviana（黄花夹竹桃属）

小乔木。全株无毛；全株具丰富乳汁。叶互生，近革质，无柄，线形或线状披针形，两端长尖，长10—15厘米，全缘。花大，黄色，具香味，顶生聚伞花序；花冠漏斗状。核果扁三角状球形，直径2.5—4厘米，干时黑色；种子2—4颗。

原产于美洲热带地区，我国很多地区有栽培，有时逸为野生。绿化、观赏。

观察地点：展览温室。花期5—12月，果期8月至转年春季。

罗布麻

黄花夹竹桃

萝藦科 ASCLEPIADACEAE

具乳汁的草本或灌木；根部木质或肉质成块状。叶对生或轮生，全缘；通常无托叶。聚伞花序通常伞形生；花两性，整齐，5数；花冠合瓣，辐状、坛状，稀高脚碟状，顶端5裂片；副花冠通常存在；雄蕊5，与雌蕊粘生成合蕊柱；花粉粒联合成花粉块，每花药有花粉块2个或4个，或为匙形载粉器；雌蕊由2个离生心皮组成。蓇葖双生或后单生；种子多数，具有丛生的绢质种毛。

本科约180属，2200种，主要分布于热带、亚热带。我国产44属，245种，33变种，分布以西南及东南部为多。

白薇 Cynanchum atratum（鹅绒藤属）

直立多年生草本，高达50厘米；须根，有香气。叶卵形或卵状长圆形，长5—8厘米，基部圆形，两面均被有白色绒毛。伞形状聚伞花序，着花8—10朵；花深紫色，直径约10毫米。蓇葖单生，长9厘米，直径5—10毫米；种毛白色，长约3厘米。

产于东北、华北、华中及华南等地区。药用。

观察地点：本草园。花期6—8月，果期7—9月。

茜草科 RUBIACEAE

木本或草本，植物体中常累积铝元素，叶片细胞常有草酸钙针晶。叶对生或有时轮生，通常全缘；托叶通常生叶柄间，极少退化。花序各式；花两性、单性或杂性；萼通常4—5裂；花冠合瓣，管状、漏斗状等，通常4—5裂，很少不整齐；雄蕊与花冠裂片同数而互生，偶有2枚；雌蕊通常2心皮，子房常下位，子房室数与心皮数相同；胚珠每子房室1至多数。浆果或核果，种子1至多枚。

本科约600属，6000—8000种，广泛分布全世界的热带和亚热带，少数分布至北温带。我国有约98属，近700种，其中有国外引种的少数种属，野外主要分布在我国南部热带及亚热带气候区。

龙船花 Ixora chinensis（龙船花属）

灌木，高达2米。叶对生，有时假轮生，披针形至长圆状，长6—13厘米。花序顶生，多花，具短总花梗，萼4裂；花冠红色或红黄色，顶部4裂；花柱短伸出冠管外，柱头2。果近球形，双生，成熟时红黑色。

产于华南。生于山地疏林下或山坡阳处。

观察地点：展览温室。花期5—7月，温室内偶有例外。

小粒咖啡 Coffea arabica（咖啡属）

灌木或小乔木。老枝灰白色，节膨大。叶薄革质，卵状披针形或披针形，长6—14厘米，顶端长渐尖；叶柄长8—15毫米；托叶阔三角形，长3—6毫米。聚伞花序有花2—5朵；花芳香；萼管管形，长2.5—3毫米；花冠白色，长1—2厘米，顶部常5裂，罕有4或6裂。浆果成熟时阔椭圆形，红色，长12—16毫米，中果皮肉质。

原产于埃塞俄比亚和阿拉伯半岛。我国多地有栽培。观赏、食用。

观察地点：展览温室。花期3—4月，果期9—10月。

虎刺 Damnacanthus indicus（虎刺属）

具刺灌木，高0.3—1米，节上托叶腋常生1针状刺；刺长0.4—2厘米。叶常大小叶对相间；具短柄；托叶易脱落。花两性；花萼钟状，长约3毫米；花冠白色，管状漏斗形，长0.9—1厘米；雄蕊4，着生于冠管上部；子房4室，每室具胚珠1颗。核果红色，近球形，直径4—6毫米。

产于西南、华南、华中至台湾等地区。药用、观赏。

观察地点：展览温室。花期3—5月，果熟期冬季至第二年春季。

小粒咖啡

虎刺

花荵科 POLEMONIACEAE

草本或灌木。叶通常互生；无托叶。花常颜色鲜艳，组成二歧聚伞花序，圆锥花序等；花两性；花萼5裂；花冠合瓣，高脚碟状、钟状至漏斗状；雄蕊5；花盘通常显著；子房上位，常3心皮。蒴果室背开裂。

本科共15属，约300种，主产于北美洲西部。我国有3属，6种。

小天蓝绣球 Phlox drummondii（天蓝绣球属）

一年生草本，茎直立，高15—45厘米，被腺毛。下部叶对生，上部叶互生，宽卵形、长圆形和披针形，长2—7.5厘米；无叶柄。花萼筒状；花冠高脚碟状，直径1—2厘米，淡红、深红、紫、白、淡黄等色。蒴果长约5毫米，有宿存花萼。

原产于墨西哥。我国各地庭园常见栽培。

观察地点：宿根花卉园。花果期7—10月。

旋花科 CONVOLVULACEAE

草本至灌木，偶为乔木，有些多刺或寄生。茎缠绕或攀援，有时平卧或匍匐，偶有直立。叶互生，寄生种类无叶或退化成小鳞片，通常为单叶，全缘或分裂；通常有叶柄。花通常单生于叶腋或组成花序。花整齐，两性，5数。花冠合瓣，漏斗状；冠檐近全缘或5裂。雄蕊与花冠裂片等数互生；子房上位；中轴胎座。通常为开裂蒴果或为肉质浆果。

本科约56属，1800种以上，主产于美洲和亚洲的热带、亚热带。我国有22属，大约125种，南北均有，主产于西南和华南地区。

打碗花 Calystegia hederacea（打碗花属）

全体不被毛，植株通常矮小，高8—30（—40）厘米。基部叶片长圆形，长2—3（—5.5）厘米，基部戟形，上部叶片3裂。花腋生，1朵；苞片宽卵形，长0.8—1.6厘米；萼片长0.6—1厘米；花冠淡紫色或淡红色，钟状，长2—4厘米。蒴果卵球形，长约1厘米，宿存萼片与之近等长或稍短。种子黑褐色。

全国各地均有。药用。

观察地点：野生于我园各处。花期6—8月，果期7—9月。

茑萝 Quamoclit pennata（茑萝属）

一年生柔弱缠绕草本，无毛。叶卵形或长圆形，长2—10厘米，羽状深裂至中脉，具10—18对丝状平展的细裂片，基部常具假托叶。花序腋生；花冠高脚碟状，长约2.5厘米以上，深红色，直径约1.7—2厘米，5星状浅裂。蒴果卵形，长7—8毫米。种子4，黑褐色。

原产于热带美洲，我国广泛栽培。

观察地点：宿根花卉园。花期7—9月，果期9—10月。

圆叶牵牛 Pharbitis purpurea（牵牛属）

一年生缠绕草本，茎上被毛。叶圆心形或宽卵状心形，长4—18厘米，基部圆，心形，通常全缘，偶有3裂。花单一或2—5朵成聚伞花序；花冠漏斗状，长4—6厘米，紫红色、红色或白色。蒴果近球形，直径9—10毫米，3瓣裂。种子长约5毫米。

本种原产于热带美洲，已成为世界各地归化植物。药用、观赏。

观察地点：杂草状野生于我园各处。花期7—9月，果期9—10月。

茑萝

圆叶牵牛

紫草科 BORAGINACEAE

多数为草本，较少为灌木或乔木。单叶，互生，极少对生，不具托叶。花序大多为蝎尾状聚伞花序，有苞片。花两性，常辐射对称，5基数，萼多少合生；花冠筒状、钟状等，喉部或筒部常有附属物；雄蕊5，常内藏；子房常2室，每室含2胚珠。果实为1核果或4个小坚果。

本科约100属，2000种，分布于温带和热带地区。我国有48属，269种，以西南部最为丰富。

附地菜 *Trigonotis peduncularis*（附地菜属）

一年生或二年生草本。茎密集，铺散，高5—30厘米。基生叶呈莲座状，叶片匙形，茎上部叶长圆形或椭圆形。花序生茎顶，幼时卷曲，后渐次伸长，长5—20厘米；花冠淡蓝色或粉色，檐部直径1.5—2.5毫米，喉部白色或带黄色。小坚果4，长0.8—1毫米。

产于东北、西北、华南至西南多数地区。可入药。

观察地点：野生于我园各处。花果期5—6月。

马鞭草科 VERBENACEAE

多为灌木或乔木。叶常对生，单叶或分裂；无托叶。花序顶生或腋生；花常两性，多两侧对称；花萼合生，顶端常有齿；花冠顶端二唇形或不等4—5裂；雄蕊4，极少2或5—6枚；子房上位，通常为2心皮组成。果实为核果或蒴果。

本科约80属，3000余种，主要分布于热带和亚热带地区。我国有约21属，200种。

细叶美女樱 Verbena tenera（马鞭草属）

多年生草本植物，常作1—2年生栽培。茎四棱，匍匐状，全株具灰色柔毛，茎长达60厘米。叶对生有短柄，长圆形、卵圆形或披针状三角形，二回羽状细裂。伞房状花序顶生，多花密集。花萼细长筒状，花冠漏斗状，花粉红至蓝紫色，略具芬芳。

原产于美洲热带地区，通常作盆栽。供地被观赏。

观察地点： 宿根花卉园。花果期6—10月。

海州常山 Clerodendrum trichotomum（大青属）

植株高1.5—10米；多少被毛，全株具异味。叶片纸质，卵形、卵状椭圆形或三角状卵形，长5—16厘米，常全缘；叶柄长2—8厘米。伞房状聚伞花序顶生或腋生；花萼蕾时绿白色，后紫红色，顶端5深裂；花冠白色或带粉红色，花冠管细。核果近球形，径6—8毫米，成熟时外果皮蓝紫色。

产于华北、西北、中南及西南各地区。

观察地点：本草园及环保植物园。花果期7—11月。

荆条 Vitex negundo var. heterophylla（牡荆属）

小枝密生灰白色绒毛。掌状复叶，小叶5，少有3，背面密被灰白色绒毛；小叶片长圆状披针形至披针形，每边有缺刻状锯齿。圆锥花序顶生，长10—27厘米；花萼顶端有5齿，外有灰白色绒毛；花冠淡紫色，二唇形。核果近球形，径约2毫米；宿萼接近果实的长度。

产于华北、华中及西南等地区。药用、纤维、蜜源等。

观察地点：宿根花卉园等处。花期4—6月，果期7—10月。

海州常山

荆条

唇形科 LABIATAE

常草本或灌木，常具含芳香油的表皮，常具有四棱的茎。叶常为单叶，对生。花序聚伞式，通常形成轮伞花序组成的复合花序。花常两侧对称，常两性。花萼下位，合生，常5裂或形成各式二唇形。花冠合瓣，通常有色，二唇形。雄蕊在花冠上着生，通常4枚，二强，后对花丝有时具各式附属器；子房上位，雌蕊2心皮，早期收缩为4枚的裂片。果通常裂成4枚果皮干燥的小坚果；种子每坚果单生。

本科约220属，3500余种。我国有约99属，800余种。

藿香 Agastache rugosa（藿香属）

茎直立，四棱形。叶心状卵形至长圆状披针形，长4.5—11厘米，先端尾状长渐尖，基部心形，边缘具粗齿；叶柄长1.5—3.5厘米。花序在主茎或侧枝顶生，穗长2.5—12厘米。花萼管状倒圆锥形，长约6毫米。花冠淡紫蓝色，长约8毫米，上唇先端微缺，下唇3裂，中裂片较宽大。成熟小坚果长约1.8毫米。

各地广泛分布，常见栽培用。药用、香料。

观察地点：宿根花卉园、本草园。花期6—9月，果期9—11月。

木香薷 *Elsholtzia stauntoni*（香薷属）

直立半灌木，高0.7—1.7米。茎上部多分枝。叶披针形至椭圆状披针形，长8—12厘米；叶柄长4—6毫米。穗状花序伸长，长3—12厘米。花冠玫瑰红紫色，长约9毫米，外面被白色柔毛及稀疏腺点。小坚果椭圆形，光滑。

产于华北及西北的部分地区。作香料。

观察地点： 树木园、本草园等处。花果期7—10月。

夏至草 *Lagopsis supina*（夏至草属）

茎高15—35厘米，带紫红色。叶轮廓为圆形，长宽1.5—2厘米，3深裂，裂片有圆齿或长圆形犬齿，通常越冬叶较宽大。轮伞花序疏花，径约1厘米；小苞片长约4毫米，刺状。花冠白色，稀粉红色；上唇直伸，比下唇长。小坚果长卵形，褐色。

产于东北、华北、华中至西北、西南各地区。路旁、旷地上的杂草。药用。

观察地点： 野生于我园各处。花期3—4月，果期5—6月。

木香薷

夏至草

留兰香 Mentha spicata（薄荷属）

多年生草本。茎直立，高40—130厘米。叶卵状长圆形或长圆状披针形，长3—7厘米，边缘具尖锐而不规则的锯齿。轮伞花序呈间断的圆柱形穗状花序，长4—10厘米。花萼连齿长2毫米。花冠淡紫色，长4毫米，冠檐4裂片近等大，上裂片微凹。雄蕊4，伸出。花柱伸出花冠很多。子房褐色，无毛。

原产于欧洲。我国各地有栽培或逸为野生。药用、香料。

观察地点： 本草园。花期7—9月。

拟美国薄荷 Monarda fistulosa（美国薄荷属）

一年生草本。茎常带紫红色。叶片披针状卵圆形或卵圆形，长达8厘米，边缘具不相等的锯齿；叶柄较短。头状花序径达5厘米。花萼长7—9毫米，萼齿先端具硬刺。花冠紫红色，比花萼长3—4倍，上唇斜上举，下唇近平展，3裂。能育雄蕊及花柱伸出。小坚果顶部截平。

原产于北美洲，我国各地引种。

观察地点：宿根花卉园。花期6—7月。

白花假龙头 Physostegia virginiana 'Alba'（假龙头属）

多年生草本，株高60—120厘米。茎直立，四棱形。叶披针形，叶缘有锐齿，先端渐尖。穗状花序顶生，长20—40厘米，花白色至浅粉，唇形花冠，花冠管长约2.5厘米。

原产于北美洲。

观察地点：宿根花卉园。花果期6—10月。

拟美国薄荷

白花假龙头

大花夏枯草 Prunella grandiflora（夏枯草属）

多年生草本，全株具硬毛。茎高15—60厘米。叶卵状长圆形，长3.5—4.5厘米，全缘，叶柄长2.5—4厘米。轮伞花序密集成长约4.5厘米的顶生花序，具苞片。花萼连齿在内长8毫米，齿具刺尖头。花冠蓝色，长20—27毫米，冠筒长9毫米。小坚果近圆形，略具瘤状突起。

原产于欧洲经巴尔干半岛及西亚至亚洲中部。观赏、药用。

观察地点：本草园。花期9月，果期9月以后。

迷迭香 Rosmarinus officinalis（迷迭香属）

灌木，高达2米。常多少被白色星状毛。叶常常在枝上丛生，具极短的柄或无柄，叶片线形，长1—2.5厘米，宽1—2毫米，全缘。花近无梗。花萼长约4毫米。花冠蓝紫色，长不及1厘米，外被疏短柔毛，内面无毛。

原产于欧洲及北非地中海沿岸。提取芳香油。

观察地点：本草园。花期9—10月。

大花夏枯草

迷迭香

丹参 Salvia miltiorrhiza（鼠尾草属）

多年生直立草本；根肥厚，肉质，外面朱红色，内面白色。茎高40—80厘米，密被长柔毛。叶常为奇数羽状复叶，小叶3—5（—7），长1.5—8厘米，卵圆形至宽披针形。小坚果倒卵圆状四边形，有腺点。

产于东北、华北至西南地区，生于海拔320—2100米的沼泽地、水边、山坡潮湿处。

观察地点：本草园。花期6—9月，果期8—11月。

石蚕香科科 Teucrium chamaedrys（香科科属）

常绿半灌木，常丛生呈地被状，高30—40厘米，全株疏被柔毛。叶暗绿色，具腺毛，卵形，较小，边缘具粗齿。轮伞花序具2花，花萼具近相等的5齿，花冠粉红至紫色，极少白色，下唇中裂片卵圆形，平展。

原产于欧洲及地中海沿岸，我国引种。药用、观赏。

观察地点：本草园。花果期7—10月。

丹参

石蚕香科科

茄科 SOLANACEAE

草本、灌木或小乔木；有时具皮刺。单叶全缘，互生或大小不等的双生；无托叶。花单生或为各式花序；两性或稀杂性，辐射或稍两侧对称，通常5基数。花萼常5裂；花冠具短筒或长筒，辐状、漏斗状、高脚碟状等，檐部多5裂；雄蕊与花冠裂片同数互生，药室纵缝开裂或顶孔开裂；子房通常具2枚合生心皮；中轴胎座。浆果或蒴果。

本科共30属，3000种，广泛分布于温带及热带地区，美洲种类最多。我国产约24属，105种。

毛曼陀罗 Datura innoxia（曼陀罗属）

草本或半灌木状，全株密被细腺毛和短柔毛。叶片广卵形。花单生于枝杈间或叶腋，初直立，后渐向下曲；花萼圆筒状，裂片在果时反折；花冠长漏斗状，下半部带淡绿色，上部白色，边缘有10尖头。蒴果俯垂，密生细针刺。

广泛分布欧亚大陆及南北美洲。药用，工业用。

观察地点：本草园。花果期6—9月。

注： 我园展览温室还栽培有洋金花 *Datura metel* L.（白花曼陀罗），全株无毛或仅幼嫩部分有稀疏短柔毛；蒴果斜升至横向生，表面针刺短而粗壮。

玄参科 SCROPHULARIACEAE

草本、灌木，稀乔木。叶互生、对生或轮生，无托叶。花序总状、穗状或聚伞状，常呈圆锥状。花常不整齐；花4或5基数；花冠多少不等或作二唇形；雄蕊常4枚，而有一枚退化，少有2—5枚或更多；子房2室；胚珠常多数。果多为蒴果；种子细小。

本科约200属，3000种，广泛分布全球各地。我国有约60属，600余种，部分为引种栽培。

荷包花 Calceolaria crenatiflora（荷包花属）

多年生草本，多作一年生栽培，株高30cm。全株有细小柔毛。叶对生，卵形。花冠二唇状，上唇瓣直立较小，下唇瓣膨大似蒲包状，中间形成空室。花色变化丰富，囊上可呈粉、褐红等各色斑点。蒴果，种子细小多粒。

原产于南美，我国引种栽培。

观察地点：展览温室。花果期6—8月。

通泉草 Mazus japonicus（通泉草属）

一年生草本，高3—30厘米。基生叶倒卵状匙形至卵状倒披针形，长2—6厘米，全缘或有疏齿；茎生叶对生或互生，与基生叶相似。总状花序常3—20朵；花萼果期增大；花冠白色、紫色或蓝色，长约10毫米毛。蒴果球形。

几乎遍布全国，生于海拔2500米以下的湿润的草坡、沟边等处。药用。

观察地点：我园很多区域野生。花果期6—9月。

地黄 Rehmannia glutinosa（地黄属）

体高 10—30 厘米。根茎肉质。叶通常在茎基部集成莲座状；叶片卵形至长椭圆形，长 2—13 厘米。花具长梗；萼长 1—1.5 厘米，密被长毛；萼齿 5 枚；花冠长 3—4.5 厘米，外面紫红色；花冠裂片 5 枚。蒴果卵形至长卵形，长 1—1.5 厘米，种子多数。

分布于辽宁、河北、河南、山东、华中及西北等地区。生于砂质壤土、荒山坡等处。根茎药用。

观察地点：野生于我园各处。花果期4—6月。

毛蕊花 Verbascum thapsus（毛蕊花属）

二年生草本，高达1.5米，全株被密而厚的浅灰黄色星状毛。叶倒披针状矩圆形，长达15厘米，基部渐狭成短柄，边缘具浅圆齿，上部茎生叶渐小。穗状花序长达30厘米，花密集；花冠黄色，直径1—2厘米；雄蕊5，后方3枚的花丝有毛。蒴果卵形。

广泛分布于北半球，我国新疆至西南部有野生。

观察地点：宿根花卉园。花期6—8月，果期7—10月。

草本威灵仙 Veronicastrum sibiricum（腹水草属）

根状茎横走。茎圆柱形，不分枝，无毛或多少被多细胞长柔毛。叶4—6枚轮生，矩圆形至宽条形，长8—15厘米。花序长尾状，无毛；花冠红紫色、紫色或淡紫色，长5—7毫米，裂片长1.5—2毫米。蒴果卵状，长约3.5毫米。种子椭圆形。

分布于东北、华北、西北部分地区。

观察地点：宿根花卉园。花期7—9月。

毛蕊花

草本威灵仙

紫葳科 BIGNONIACEAE

乔木、灌木或木质藤本，稀草本。顶生小叶或叶轴有时呈卷须状。花两性，左右对称，通常大而美丽，组成顶生、腋生的花序。花萼钟状。花冠合瓣，常二唇形，5裂。能育雄蕊通常4枚，具1枚后方退化雄蕊。花盘存在。子房上位。蒴果，常室间或室背开裂，通常下垂。

本科约120属，650种，主产于热带、亚热带。我国有28属，约50种。

梓树 Catalpa ovata（梓属）

乔木，高达15米。叶对生或近对生，有时轮生，阔卵形，长约25厘米，基部心形。顶生圆锥花序，长12—28厘米。花萼蕾时圆球形，2唇开裂。花冠钟状，淡黄色，长约2.5厘米，直径约2厘米。退化雄蕊3。蒴果线形，下垂，长20—30厘米，粗5—7毫米。

产于长江流域及以北地区，野生很少。食用、药用、用材、观赏。

观察地点： 紫薇园、环保植物园、栎园附近。花果期5—9月。

楸树 Catalpa bungei（梓属）

乔木，高8—12米。叶三角状卵形或卵状长圆形，长6—15厘米，有时基部具有1—2牙齿。顶生伞房状总状花序，有花2—12朵。花冠淡红色，内面具有2黄色条纹及暗紫色斑点，长3—3.5厘米。蒴果线形，长25—45厘米。

产于华北、西北、华东及华中等省区。

观察地点：环保植物园。花期5—6月，果期6—10月。

与梓的主要区别：本种叶常在基部具1—2牙齿；伞房花序2—12花，花冠淡红色，内有2黄色条纹及淡紫色斑点。

美国凌霄 Campsis radicans（凌霄属）

木质藤本，表皮脱落。小叶9—11枚，卵形至卵状披针形，长3—6(—9）厘米；叶轴长4—13厘米。花冠内面鲜红色，外面橙黄色，长6—9厘米。蒴果顶端且喙尖。

原产于美洲，很多国家有栽培。药用、观赏。

观察地点：水生与藤本园。花期6—8月。

楸树

美国凌霄

爵床科 ACANTHACEAE

草本、灌木或藤本，稀为小乔木；营养体上常有可见的钟乳体。叶多对生，无托叶。花两性，左右对称，组成各式花序；苞片通常大，有时有鲜艳色彩；花萼通常5裂或4裂；花冠合瓣，具冠管，冠檐通常5裂，整齐或2唇形；发育雄蕊常4或2，通常为2强，花丝分离或基部成对联合；子房上位，2室，中轴胎座。蒴果2裂。

本科约250属，3500种，主要分布于热带地区。我国约有60属，200种，主要分布于热带、亚热带地区。

鸭嘴花 Adhatoda vasica（鸭嘴花属）

大灌木，高达1—3米。茎叶揉后有特殊臭气。叶纸质，矩圆状披针形至披针形，长15—20厘米，宽4.5—7.5厘米；叶柄长1.5—2厘米。穗状花序卵形或稍伸长；花冠白色，有紫色条纹或粉红色，长2.5—3厘米。蒴果长约0.5厘米，上部具4粒种子，下部实心短柄状。

产于华南，澳门、香港、云南等地区栽培或逸为野生。药用、观赏。

观察地点：展览温室。花果期7—8月。

金苞花 Pachystachys lutea（金苞花属）

多年生常绿亚灌木状草本植物。植株高50—150厘米，茎多分枝。叶对生，长披针形，长10—14厘米，宽3.5—4.5厘米，深绿色，全缘。穗状花序，顶生或腋生，长7—10厘米，苞片对生，心形，金黄色，排列呈四方形；花冠唇形，白色，长度约为苞片的3倍。

原产于南美洲，我国引种栽培。

观察地点：展览温室。盛花期为10月至第二年5月。

黄脉爵床 Sanchezia nobilis（黄脉爵床属）

灌木，高达2米。叶具1—2.5厘米的柄，叶片矩圆形，倒卵形，基部下沿，长9—15厘米，侧脉7—12条。顶生穗状花序小，苞片大，长1.5厘米，花冠5厘米，冠管4.5厘米，冠檐5—6毫米；雄蕊4，伸出冠外；花柱细长，高于花药。

原产于厄瓜多尔，我国引种栽培。

观察地点：展览温室。花期8—10月。

金苞花

黄脉爵床

胡麻科 PEDALIACEAE

一年生或多年生草本，稀为灌木。叶对生或互生。花左右对称，单生或组成总状花序，稀簇生。花萼4—5深裂。花冠筒状，一边肿胀，呈不明显二唇形，顶端裂片5。雄蕊4枚，2强。花盘肉质。子房上位或很少下位，2—4室，胚珠多数。蒴果不开裂。种子多数。

本科共14属，约50种，分布于亚非欧的热带与亚热带的沿海地区及沙漠地带，一些种类已在美洲热带驯化。我国有2属，2种。

芝麻 Sesamum indicum（胡麻属）

一年生直立草本。高60—150厘米。叶矩圆形或卵形，长3—10厘米，下部叶常掌状3裂。花单生或2—3朵簇生。花冠长2.5—3厘米，筒状，白色而常有紫红色或黄色的彩晕。蒴果矩圆形，长2—3厘米，有纵棱，分裂至中部或至基部。种子有黑白之分。

原产于印度，古称胡麻。食用、药用。

观察地点：试验地及农事园地。花期夏末秋初。

苦苣苔科 GESNERIACEAE

草本或灌木，稀乔木。叶为单叶，常不分裂，对生或轮生，或成簇，稀互生。花两性，常左右对称。花萼（4—)5全裂或深裂。花冠紫色、白色或黄色，辐状或钟状，檐部（4—)5裂，檐部多少二唇形，上唇2裂，下唇3裂，偶尔上唇4裂。雄蕊4—5，通常有1或3枚退化。雌蕊由2枚心皮构成，子房上位，半下位或完全下位，一室，胚珠多数，倒生。果实常为蒴果或浆果。种子多数。

本科约140属，2000余种，分布于热带和温带地区。我国有56属，约413种，多生于热带亚热带的石灰岩陡崖上。

吊石苣苔 Lysionotus pauciflorus（吊石苣苔属）

小灌木。茎长7—30厘米。叶常3枚轮生；叶片形状变化大，线形至长椭圆形，长1.5—5.8厘米，近全缘。花序有1—2（—5)花。花萼5裂达近基部。花冠白色或淡紫色，长3.5—4.8厘米；筒细漏斗状；退化雄蕊3。蒴果线形，长5.5—9厘米。

产于秦岭以南的多数省区。生于海拔300—2000米的丘陵或山地林中。药用。

观察地点：展览温室。花期7—10月。

车前科 PLANTAGINACEAE

草本，稀为小灌木。根为直根系或须根系。茎通常变态成紧缩的根茎。叶螺旋状互生，通常排成莲座状；单叶，全缘或具齿，常弧形脉。穗状花序，偶尔简化为单花。花小，常两性。花萼4裂。花冠干膜质，高脚碟状或筒状，顶端常4裂。雄蕊4，稀1或2。子房上位，常2室，胚珠1至多数。果通常为周裂的蒴果。

本科共3属，约200种，广泛分布于全世界。中国有1属，20种，分布于南北各地区。

平车前 Plantago depressa（车前属）

一年生或二年生草本。叶片纸质，椭圆形至卵状披针形，长3—12厘米，宽1—3.5厘米，脉5—7条。穗状花序3—10余个。花小，花冠白色，无毛，裂片极小，长0.5—1毫米。蒴果长4—5毫米，于基部上方周裂。种子4—5。

除热带地区外，几乎遍布全国。药用。

观察地点：常见野生于我园各展区。花果期5—9月。

忍冬科 CAPRIFOLIACEAE

灌木或木质藤本，很少草本。叶对生，少轮生，多为单叶全缘，有时分裂至羽状复叶。聚伞或轮伞花序，或圆锥式复花序。花两性，整齐或不整齐；萼齿5—4(—2)枚；花冠合瓣，裂片5—4(—3)枚，有时两唇形；雄蕊5枚，或4枚而二强；子房下位。果实为浆果、核果或蒴果。

本科共13属，约500种，主要分布于北温带和热带高海拔山地。我国有12属，200余种，大多分布于华中和西南各地区。

六道木 Abelia biflora（六道木属）

落叶灌木，高1—3米。叶矩圆形至矩圆状披针形，长2—6厘米，全缘或中部以上羽状浅裂。花单生于小枝上叶腋；萼筒形，萼齿4枚，狭椭圆形，长约1厘米；花冠白色、淡黄色或带浅红色，狭漏斗形，4裂，筒为裂片长的三倍。果实具硬毛，冠以4枚宿存而略增大的萼裂片。

分布于华北地区。生于海拔1000—2000米的山坡灌丛、林下及沟边。

观察地点：本草园、树木园。花期4—6月，果期8—9月。

糯米条 *Abelia chinensis*（六道木属）

落叶灌木，高达2米。叶有时三枚轮生，圆卵形至椭圆状卵形，长2—5厘米。多数花序集合成一圆锥状花簇；花芳香，具3对小苞片；萼檐5裂，果期变红色；花冠白色至红色，漏斗状，长1—1.2厘米，裂片5。果期萼裂片略增大。

我国长江以南各地区广泛分布。

观察地点：水生与藤本园、松柏园、紫薇园。花果期8—10月。

蝟实 *Kolkwitzia amabilis*（蝟实属）

多直立灌木，高达3米，茎皮剥落。叶椭圆形至卵状椭圆形，长3—8厘米，全缘，少有浅齿状。伞房状聚伞花序；萼筒外面密生长刚毛；花冠淡红色，长1.5—2.5厘米，基部甚狭，中部以上突然扩大，内面具黄色斑纹。果实密被黄色刺刚毛。

我国特有种。产于西北至华中等地区。

观察地点：本草园、月季园、珍稀濒危园等处。花期5—6月，果熟期8—9月。

糯米条
蝟实

忍冬（金银花）Lonicera japonica（忍冬属）

半常绿藤本。叶卵形至矩圆状卵形，长3—5（—9.5）厘米。总花梗下方者长2—4厘米；苞片大；萼筒长约2毫米；花冠白色，后变黄色，长（2—）3—4.5（—6）厘米，唇形，下唇带状而反曲。果实圆形，直径6—7毫米，熟时蓝黑色。

除黑龙江、内蒙古、宁夏、青海、新疆、海南和西藏无自然生长外，全国各地区均有分布。观赏，入药。

观察地点：本草园。花期4—6月（秋季亦常开花），果熟期10—11月。

金银木 Lonicera maackii（忍冬属）

落叶灌木，高达6米，茎干直径达10厘米。叶纸质，形状变化较大，通常卵状椭圆形至卵状披针形，长5—8厘米。花芳香，相邻两萼筒分离；花冠先白色后变黄色，长（1—）2厘米，唇形，筒长约为唇瓣的1/2，内被柔毛。果实暗红色，圆形，直径5—6毫米。

产于东北、华北、华东、华中至西南各地区。观赏，提取芳香油。

观察地点：水生与藤本园。花期5—6月，果熟期8—10月。

忍冬（金银花）

金银木

接骨木 Sambucus williamsii（接骨木属）

灌木或小乔木。羽状复叶有小叶多达5对，侧生小叶片卵圆形，长5—15厘米，边缘具不整齐锯齿，叶搓揉后有臭气；托叶狭带形，或为蓝色的突起。花与叶同出，圆锥形聚伞花序顶生，长5—11厘米；花小而密；花冠蕾时带粉红色，后白色或淡黄色。果实红色，极少蓝紫黑色。

产于东北、华北至甘肃南部；华东、华南、华中至西南等地区。观赏，入药。

观察地点： 环保植物园等处。花期4—5月，果熟期8—9月。

红蕾荚蒾 Viburnum carlesii（荚蒾属）

落叶灌木，高1—2米。小枝被绒毛，冬芽裸露。叶椭圆形或近圆形，长5—10厘米，边缘有三角状锯齿。聚伞花序呈半球形，直径4—8厘米；花萼绿色，5裂；花蕾粉红色，盛开时白色，有芳香，花冠高脚碟状，5裂，平展，花冠管带粉红色。核果椭球形或球形，熟时由紫红色转为黑色。

原产于朝鲜半岛。

观察地点： 树木园。花期4—5月，果期9—10月。

接骨木

红蕾荚蒾

香荚蒾 Viburnum farreri（荚蒾属）

落叶灌木，高达5米；小枝绿色，近无毛。冬芽椭圆形，有2—3对鳞片。叶椭圆形或菱状倒卵形，长4—8厘米，边缘基部除外具三角形锯齿。圆锥花序生于能生幼叶的短枝之顶，长3—5厘米；花冠蕾时粉红色，开后变白色，高脚碟状，直径约1厘米。果实紫红色。

产于甘肃、青海及新疆。多地区有栽培。

观察地点：本草园、树木园。花期4—5月。

欧洲荚蒾 Viburnum opulus（荚蒾属）

落叶灌木，高达1.5—4米。冬芽卵圆形，有柄。叶轮廓圆卵形至广卵形或倒卵形，长6—12厘米，通常3裂，裂片全缘或近全缘。聚伞花序直径5—10厘米，周围常有不孕花；花冠白色，辐状；不孕花白色，直径1.3—2.5厘米。果实红色。

产于新疆西北部。

观察地点：环保植物园及树木园。花期5—6月，果熟期9—10月。

香荚蒾

欧洲荚蒾

枇杷叶荚蒾 Viburnum rhytidophyllum（荚蒾属）

常绿灌木或小乔木，高达4米；植株通常被黄褐色厚绒毛。叶革质，卵状矩圆形至卵状披针形，长8—18（—25）厘米，各脉深凹陷而呈极度皱纹状。聚伞花序稠密，直径7—12厘米；花冠白色，辐状，直径5—7毫米；雄蕊高出花冠。果实红色，后变黑色。

产于陕西、湖北、四川及贵州。观赏，纤维。

观察地点： 树木园。花期4—5月，果熟期9—10月。

锦带“红王子” Weigela florida ‘Red Prince’（锦带花属）

灌木。嫩枝淡红色，具柔毛，老枝灰褐色。叶椭圆形，先端渐尖，叶缘有锯齿，沿脉具柔毛。花集合成聚伞花序。花冠紫红色，5裂，漏斗状钟形，花冠筒中部以下变细，雄蕊5枚。蒴果圆柱状，黄褐色。

源于美国，我国引种。

观察地点： 树木园及紫薇园。花果期7—9月。

枇杷叶荚蒾

锦带“红王子”

败酱科 VALERIANACEAE

二年生或多年生草本，稀亚灌木；根部常有气味。叶对生或基生，通常羽状分裂；基生叶至茎上部叶常不同形，无托叶。花序多种，具总苞片。花小，两性或极少单性，常稍左右对称；萼宿存；花冠裂片3—5，稍不等形；雄蕊3或4，有时退化为1—2枚；子房下位，3室。果为瘦果，并贴生于膜质苞片上，呈翅果状，有种子1枚。

本科共13属，约400种，大多数分布于北温带。我国有3属，约30余种，分布于全国各地。

缬(xié)草 *Valeriana officinalis*（缬草属）

多年生高大草本，高可达1.5米，须根簇生；茎中空。茎生叶羽状深裂。花序顶生。花冠淡紫红色或白色，长4—5(—6)毫米。瘦果长卵形。

产于我国东北至西南的广大地区。生于山坡草地、沟边湿处。

观察地点：本草园。花果期6—10月。

川续断科 DIPSACACEAE

草本植物，有时亚灌木状，稀灌木。叶通常对生，有时轮生。花序头状或间断的穗状轮伞花序；花两性，两侧对称；花萼整齐，边缘有刺或刚毛；花冠漏斗状，4—5裂或成二唇形；雄蕊4枚，有时2枚；子房下位，2心皮合生。瘦果包于小总苞内。

本科约12属，300种，主产于地中海地区、亚洲及非洲南部。我国产5属，25种，主要分布于东北、华北、西北、西南及台湾等地区。

日本续断 Dipsacus japonicus（川续断属）

多年生草本，高1米以上；主根长圆锥状，黄褐色。茎具4—6棱，棱上具钩刺。叶片椭圆状卵形至长椭圆形，长8—20厘米，常为3—5裂，顶端裂片最大。头状花序圆球形，直径1.5—3.2厘米；小苞片顶端具长刺毛；花冠白色至淡粉色。

产于南北各地区。生于山坡、路旁和草坡。朝鲜、日本也有分布。药用。

观察地点：本草园。花期8—11月。

桔梗科 CAMPANULACEAE

直立草本，稀木本或藤本。植株常有白色乳汁。单叶，常互生。花多两性，大多5数，辐射对称或两侧对称。花冠合瓣，5浅裂或深裂，雄蕊5，通常与花冠分离；花丝基部常扩大成片状。子房多下位，2—5（—6）室；胚珠多数，多中轴胎座。通常为蒴果，少数为浆果。

本科共60~70属，约2000种。主产于温带和亚热带各地。我国产16属，约170种。

桔梗 Platycodon grandiflorus（桔梗属）

茎高20—120厘米，极少上部分枝。叶轮生至互生，叶片卵形至披针形，长2—7厘米，边缘具细锯齿。花单朵顶生或集成假总状花序，或圆锥花序；花萼筒部被白粉；花冠大，长1.5—4.0厘米，蓝色或紫色。蒴果球状。

产于东北、华北、华东、华中及华南等地区。药用、观赏。

观察地点：本草园。花期7—9月。

紫斑风铃草 Campanula punctata（风铃草属）

多年生草本，全株被刚毛。茎直立，粗壮，高20—100厘米。基生叶具长柄，叶片心状卵形；下部的茎生叶有带翅的长柄，边缘具不整齐钝齿。花顶生，下垂；花萼有芒状长刺毛；花冠白色，带紫斑，筒状钟形，长3—6.5厘米。蒴果半球状倒锥形。

产于东北、华北、西北等地区。生于山地林中、灌丛及草地中。

观察地点：宿根花卉园。花期6—9月。

桔梗

紫斑风铃草

菊科 COMPOSITAE

草本或灌木，稀乔木。有时有乳汁。叶通常互生，稀对生或轮生，无托叶；花整齐或左右对称，五基数，常密集成头状花序，处具1层或多层苞片组成的总苞；头状花序可再次组成复合花序；花序托平或凸起；萼片不发育，通常形成各式冠毛；雄蕊4—5个，花药合生成筒状；花柱上端常两裂；子房下位，2心皮合为1室，具1胚珠。瘦果。

本科约1000属，25 000—30 000种，广布于全世界，为种子植物第一大科。我国约200余属，2000多种，产于全国各地。

蓍 Achillea millefolium（蓍属）

茎直立，高达1米，全株常被白色长柔毛。叶无柄，披针形至近条形，长5—7厘米，数回羽状全裂，末回裂片宽不足1毫米。头状花序多数，密集成复伞房状；总苞片3层。边花5朵；舌片近圆形，白色至淡紫红色，长1.5—3毫米；盘花两性，管状，黄色。瘦果矩圆形。

我国各地庭园常有栽培。提取芳香油，入药。

观察地点： 宿根花卉园。花果期7—10月。

蚂蚱腿子 Myripnois dioica（蚂蚱腿子属）

落叶小灌木，高60—80厘米。枝多而细直，呈帚状。叶片椭圆形至卵状披针形，长2—6厘米，全缘。雌花花冠紫红色，长约13毫米，舌片顶端3浅裂，两性花花冠白色，5裂，极不等。瘦果长约7毫米，密被毛。

产于东北、华北各地区及陕西、湖北等省。作绿化及防沙树种。

观察地点：松柏园。花果期5—6月。

矢车菊 Centaurea cyanus（矢车菊属）

一年生或二年生草本，高30—70厘米或更高。茎枝被白色绢毛。基生叶及下部叶披针形，不分裂至大头羽状，下面灰白色；向上渐小。头状花序排成伞房或圆锥状。总苞片约7层。苞片顶端有附属物，边缘流苏状。边花增大，蓝色、白色、红色或紫色，檐部5—8裂，盘花浅蓝色或红色。瘦果长3毫米，被柔毛。

我国南北各地公园、花园及校园普遍栽培。观赏、入药。

观察地点：本草园、宿根花卉园。花果期7—9月。

松果菊 Echinacea purpurea（松果菊属）

茎直立，高60—150厘米，全株具粗毛。基生叶卵形或三角形，茎生叶卵状披针形，叶柄基部稍抱茎。头状花序单生于枝顶，或数枚聚生；花径达10厘米；舌状花紫红色，管状花橙黄色至紫色。

原产于美国东南部。

观察地点：本草园、蔷薇园、宿根花卉园。花期6—10月。

牛膝菊 Galinsoga parviflora（牛膝菊属）

茎纤细，高10—80厘米，分枝斜升，茎枝被短柔毛。叶卵形或长椭圆状卵形，长(1.5—)2.5—5.5厘米；向上及花序下部的叶渐小，边缘浅或钝锯齿。头状花序宽3—6毫米，排成疏松的伞房。舌状花4—5个，舌片白色，顶端3齿裂；管状花花冠长约1毫米，黄色。

原产于南美洲，在我国归化。生于林下、河谷地、荒野。药用。

观察地点：野生于我园各处。花果期7—9月。

松果菊

牛膝菊

泥胡菜 Hemisteptia lyrata（泥胡菜属）

茎单生，高30—100厘米，上部长分枝。基生叶长椭圆形或倒披针形，花期通常枯萎；中下部茎叶与基生叶同形，长4—15厘米或更长，叶柄长达8厘米，柄基扩大抱茎。小花紫色或红色，花冠长1.4厘米，檐部深5裂。冠毛宿存。

除新疆、西藏外，遍布全国。野菜、入药。

观察地点：野生于我园各处。花果期5—8月。

土木香 Inula helenium（旋覆花属）

多年生草本。茎直立，高达2.5米，粗壮，基部叶叶片椭圆状披针形，边缘有不规则的齿，连柄长30—60厘米。头状花序少数，径6—8厘米。舌状花黄色；舌片长2—3厘米；管状花长约9—10毫米。冠毛污白色。瘦果无毛，长3—4毫米。

广泛分布于欧洲、亚洲至北美。在我国分布于新疆。观赏、入药。

观察地点：本草园、宿根花卉园。花期6—9月。

蛇鞭菊 Liatris spicata（蛇鞭菊属）

茎直立，茎基部膨大呈扁球形，具地下块茎。基生叶线形，长达30厘米，茎生叶由上至下逐渐变小。头状花序排成密穗状，长60厘米，花序部分长度约占整个花葶的1/2；头状花序常有管状花6—8朵，花冠淡紫红色；柱头2裂，长线形，与花冠同色。

原产于北美。

观察地点：宿根花卉园。花期7—8月。

大头橐吾 Ligularia japonica（橐吾属）

根肉质，多数，粗壮。茎直立，高50—100厘米。丛生叶与茎下部叶具长柄，基部鞘状抱茎，叶片轮廓肾形，直径约40厘米，掌状3—5全裂，再作掌状浅裂。头状花序辐射状，2—8个排成伞房状花序；总苞片9—12，2层。舌状花黄色；管状花多数，冠毛红褐色。瘦果长达1厘米。

产于华中、华东、华南及台湾等地区。

观察地点：宿根花卉园。花果期4—9月。

蛇鞭菊

大头橐吾

掌叶橐吾 Ligularia przewalskii（橐吾属）

根肉质，细而多。茎直立，高30—130厘米，细瘦。丛生叶与茎下部叶具柄，基部具鞘，叶片轮廓卵形，掌状4—7裂，长4.5—10厘米，裂片3—7深裂。总状花序长达48厘米；头状花序多数，辐射状；总苞片4—6，2层。舌状花2—3，黄色；管状花常3个，冠毛紫褐色。瘦果长圆形，长约5毫米。

产于西北达甘肃、东至江苏的部分地区。

观察地点：宿根花卉园。花果期6—8月。

翡翠珠 Senecio rowleyanus（千里光属）

多年生常绿草本植物。茎匍匐，纤细，全株被白粉。叶互生，肉质，近球形，直径0.6—1.0厘米，极似翡翠状的珠子。头状花序，顶生，长3—4厘米，花葶呈弯钩形，有管状花12—20朵，花冠白色至浅褐色，顶端具5稍翻卷裂片。

原产于西南非干旱的亚热带地区。

观察地点：展览温室。花果期1—2月。

掌叶橐吾

翡翠珠

兔儿伞 Syneilesis aconitifolia（兔儿伞属）

根状茎短，横走，茎直立，不分枝。叶2枚，其余的苞片状；叶具长柄；叶片盾状圆形，直径20—30厘米，掌状深裂；每裂片再次2—3浅裂；小裂片线状披针形，边缘具锐齿；叶柄较长，基部抱茎；中部叶较小。头状花序在茎端密集成复伞房状。小花花冠淡粉白。瘦果长5—6毫米；冠毛污白色或变红色。

产于东北、华北、华中和陕西等地区。药用。

观察地点： 本草园。花期6—7月，果期8—10月。

药用蒲公英 Taraxacum officinale（蒲公英属）

多年生草本。叶狭倒卵形，少倒披针形，长4—20厘米，大头羽状裂，稀仅具波状齿，顶端裂片三角形，每侧裂片4—7片。花葶多数，高5—40厘米，顶端被蛛丝状毛；头状花序直径25—40毫米；总苞宽钟状，外层反卷；舌状花亮黄色。瘦果浅黄褐色，有小尖刺，喙纤细，长7—12毫米；冠毛白色。

产于新疆各地。药用。

观察地点： 本草园。花果期6—8月。

兔儿伞

药用蒲公英

泽泻科 ALISMATACEAE

常为多年生沼生或水生草本，具根状茎或变态茎。叶基生，直立；叶片全缘，平行脉。花序各式或稀1—3花单生或散生。花辐射对称；花被片6枚，排成2轮，外轮花被片宿存；雄蕊6枚或多数；心皮多数，分离，轮生或螺旋状。瘦果或小坚果。

本科共11属，约100种，主产于北半球温暖地区。我国有4属，20种，南北均有分布。

泽泻 Alisma plantago-aquatica（泽泻属）

块茎直径达3厘米或更大。沉水叶条形或披针形；挺水叶宽披针形至卵形，长2—11厘米，基部宽楔形、浅心形，叶柄长短不一。花葶高达1米以上；花序长达50厘米，具3—8轮分枝。花两性，直径约12毫米；外轮花被片长2.5—3.5毫米，内轮花被片较大，白色至浅紫色；心皮17—23枚。瘦果，长约2.5毫米。

产于东北、华北、西北等地区。生浅水带及沼泽地。观赏、入药。

观察地点： 水生与藤本园。花果期5—10月。

花蔺科 BUTOMACEAE

一年生或多年生沼生或水生草本。植株常有乳汁。根茎粗壮，匍匐。叶基生，三棱状条形或椭圆形，有柄或无柄，基部鞘状。单花顶生，或聚成伞形花序，基部有苞片3枚；花两性；花被片6枚，分离，整齐2轮排列，外轮3枚萼片状，内轮3枚花瓣状，较大；雄蕊6至多枚；雌蕊6枚或多数，分离或基部联合。果为蓇葖果。种子多数。

本科共4属，13种，多分布于北半球，主产于美洲热带。我国有3属，3种，产于北部和云南。

花蔺 Butomus umbellatus（花蔺属）

通常成丛生长。根茎横走或斜向生长，节生须根多数。叶长30—120厘米，宽3—10毫米，无柄，基部扩大成鞘状。花葶圆柱形，长约70厘米；花柄长4—10厘米；雄蕊花丝扁平。蓇葖果成熟时沿腹缝线开裂。种子多数，细小。

产于东北、华北、西北至华中等地区。生于湖泊、水塘的浅水中或沼泽里。

观察地点：水生与藤本园。花果期7—9月。

水鳖科

水生草本。茎短缩，直立，少有匍匐。叶基生或茎生，基生叶多密集；叶形、大小多变。佛焰苞常合生，常具肋或翅，先端多为2裂，其内含1至数朵花。花常辐射对称，多为单性。花被片离生，3枚或6枚；雄蕊1至多枚；子房下位，由2—15枚心皮合生，1室；胚珠多数。果实肉果状，果皮腐烂开裂。

本科共17属，约80种，广泛分布于热带至温带。我国有9属，20种，主要分布于长江以南各地区。

苦草 Vallisneria natans（苦草属）

沉水草本。匍匐茎白色，先端芽浅黄色。叶长20—200厘米，宽0.5—2厘米。花单性；雌雄异株；雄佛焰苞长达2厘米，含雄花200余朵，成熟者自开裂的佛焰苞中浮水开放；花内雄蕊1枚；雌佛焰苞内雌花单生，萼片长2—4毫米；花瓣极小，白色。果实圆柱形，长5—30厘米。

产于东北、华北、华东、华中至西南等大部分地区。入药。

观察地点： 水生与藤本园。花果期7—8月。

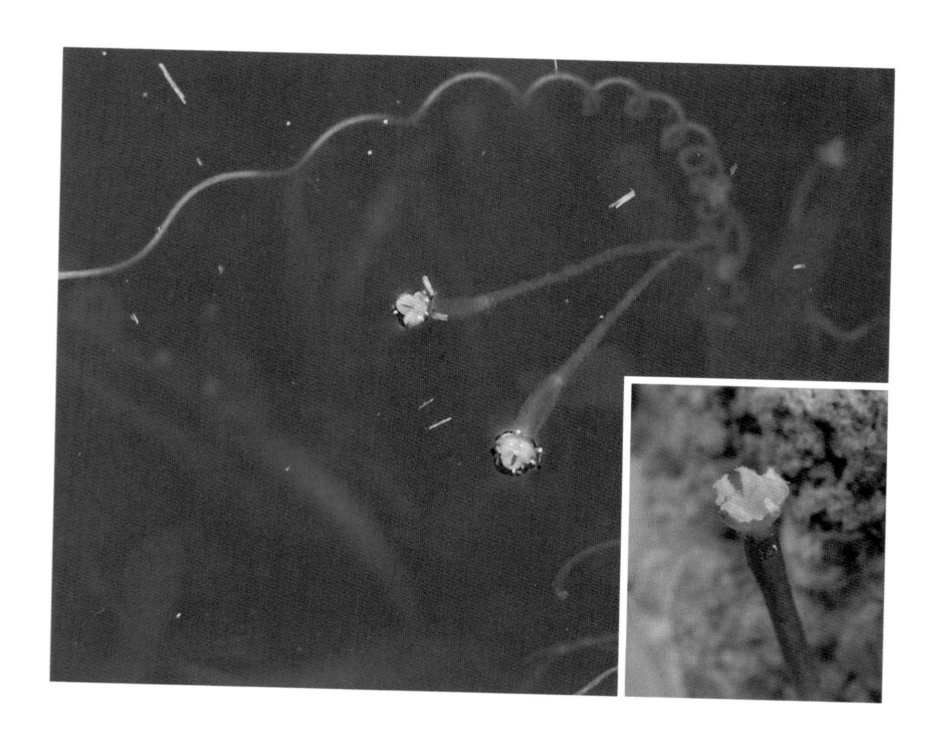

眼子菜科 POTAMOGETONACEAE

水生草本。具根茎。叶沉水、浮水或挺水，或兼具沉水叶与浮水叶，互生或基生，稀对生或轮生；叶片形态各异。花序顶生或腋生，多呈穗状或聚伞花序；花小或极简化，两性或单性；花被有或无；雄蕊6到1枚。果实多为小核果状或小坚果状，稀为蒴果。

本科共10属，约170种。我国产8属，45种。

眼子菜 Potamogeton distinctus（眼子菜属）

多年生。根茎发达，白色，多分枝。茎圆柱形。浮水叶革质，披针形至卵状披针形，长2—10厘米，宽1—4厘米；沉水叶披针形至狭披针形。穗状花序顶生，具花多轮；花小，被片4，绿色；雌蕊常2枚。果实宽倒卵形。

广泛分布于我国南北大多数地区。生于池塘、水田和水沟等静水中。用作饵料或饲料。

观察地点：水生与藤本园。花果期5—10月。

茨藻科 NAJADACEAE

一年生沉水草本，可耐咸水或海水。植株纤长，柔软，二叉状分枝或单轴分枝；下部匍匐或具根状茎。茎光滑或具刺，茎节上多生有不定根。叶线形，无气孔；叶基扩展成鞘或具鞘状托叶。花单性，雌雄同株或异株；雌花无花被片或具苞片，心皮常1、2或4枚。果为瘦果。

本科共5属。我国产3属，约12种。

大茨藻 Najas marina（茨藻属）

一年生沉水草本。植株多汁，较粗壮；株高30—100厘米；二叉状分枝，常具稀疏锐尖的粗刺。叶近对生和3叶假轮生，于枝端较密集，无柄；叶片线状披针形，长1.5—3厘米，边缘具4—10粗齿，中脉疏生刺状齿。花黄绿色，单生于叶腋；雄花长约5毫米，雄蕊1枚；雌花无被，裸露。瘦果黄褐色，长4—6毫米。

产于华北、西北、华东、华中及台湾等地区。

观察地点：展览温室、水生与藤本园。花果期9—11月。

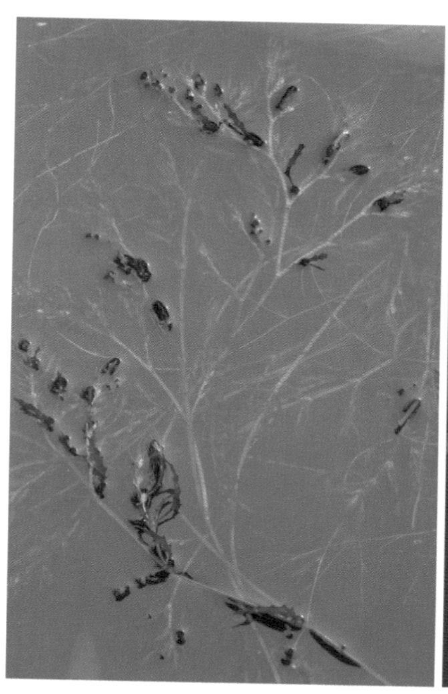

百合科 LILIACEAE

通常多年生草本，很少为亚灌木、灌木或乔木状。叶基生或茎生，通常具弧形平行脉。花多为两性，通常辐射对称；花被片6，少有4或多数；雄蕊通常与花被片同数；子房上位，一般3室。果实为蒴果或浆果，较少为坚果。

本科约230属，3500种，集中于温带和亚热带地区。我国60属，约560种，分布遍及全国。

芦荟 Aloe vera var. chinensis（芦荟属）

多年生草本。茎较短。叶近簇生，肥厚多汁，条状披针形，长15—35厘米，边缘疏生刺状小齿。花葶高60—90厘米；总状花序；苞片近披针形；花点垂，稀疏排列，淡黄色而有红斑；花被长约2.5厘米，裂片先端稍外弯。

南方各省区和温室常见栽培。药用、观赏。

观察地点：展览温室。花果期8—12月。

知母 *Anemarrhena asphodeloides*（知母属）

根状茎粗0.5—1.5厘米，为残存的叶鞘所覆盖。叶长15—60厘米，宽1.5—11毫米，向先端渐尖而成近丝状，基部鞘状。花葶比叶长得多；总状花序长达50厘米；苞片小；花粉红色、淡紫色至白色；花被片条形，长5—10毫米，宿存。蒴果狭椭圆形，长8—13毫米。

产于东北及华北地区。药用。

观察地点：本草园。花果期6—9月。

石刁柏 *Asparagus officinalis*（天门冬属）

直立草本，高可达1米。茎平滑，上部在后期常俯垂，分枝较柔弱。叶状枝每3—6枚成簇，长15—30毫米。花每1—4朵腋生，绿黄色；花梗有关节；雄花花被长5—6毫米；雌花较小，花被长约3毫米。浆果直径7—8毫米，熟时红色，有2—3颗种子。

我国新疆有野生，其他地区多为栽培。观赏、入药。

观察地点：本草园。花期5—6月，果期9—10月。

知母

石刁柏

大百合 Cardiocrinum giganteum（大百合属）

小鳞茎卵形，直径1.2—3厘米。茎直立，中空，高1—2米，直径2—3厘米。叶下面的长15—20厘米，宽12—15厘米，具长柄，向上渐小。总状花序有花10—16朵；花被片条状倒披针形，长12—15厘米；雄蕊长约为花被片的1/2。蒴果近球形，径3.5—4厘米。

产于西藏、四川、陕西、湖南和广西。

观察地点：宿根花卉园。花期6—7月，无法正常结实。

铃兰 Convallaria majalis（铃兰属）

全株无毛，高18—30厘米。叶椭圆形或卵状披针形，长7—20 厘米，基部楔形；叶柄长8—20厘米。花葶高15—30厘米；花白色，径5—7毫米。浆果直径6—12毫米，熟后红色，稍下垂。种子多颗，直径3毫米。

产于东北、华北至华东、华中至西北。可入药。

观察地点：宿根花卉园、紫薇园、树木园。花期5—6月，果期7—9月。

大百合

铃兰

朱蕉 *Cordyline fruticosa*（朱蕉属）

高达3米。茎通常不分枝。叶在茎顶呈2列状旋转聚生，绿色或带紫红色，披针状椭圆形至长矩圆形，长30—50厘米；叶柄长10—15厘米，基部抱茎。圆锥花序生叶腋，长30—60厘米，多分枝；花淡红色至紫色，稀为淡黄色，花被片长1—1.3厘米，基部合成花被管。

产于南方热带地区。

观察地点：展览温室。11月以后。

长蕊万寿竹 *Disporum longistylum*（万寿竹属）

根状茎横出，呈结节状。茎高可达1米，上部有分枝。叶厚纸质，椭圆形至卵状披针形，长5—15厘米；叶柄长0.5—1厘米。伞形花序有花2—6朵；花梗有乳头状突起；花被片白色或黄绿色，长10—19毫米，先端尖。浆果直径5—10毫米，有3—6颗种子。

产于贵州、云南、四川、湖北、陕西和甘肃南部、西藏。根可入药。

观察地点：本草园。花期3—5月，果期6—11月。

朱蕉

长蕊万寿竹

宝铎草 Disporum sessile（万寿竹属）

根状茎横出，长3—10厘米。茎高30—80厘米，上部具叉状分枝。叶薄，矩圆形至披针形，长4—15厘米，有短柄或近无柄。花黄色、绿黄色或白色，1—3（—5）朵着生于分枝顶端；花被片近直出，长2—3厘米。浆果直径约1厘米，具3颗种子。

产于华中、华东、华南达台湾及西南各地区。可入药。

观察地点： 本草园。花期3—6月，果期6—11月。

萱草 Hemerocallis fulva（萱草属）

根近肉质，中下部有纺锤状膨大；叶一般较宽；花早上开晚上凋谢，无香味，橘红色至橘黄色，花被管较粗短，长2—3厘米；内花被裂片宽2—3厘米。内花被裂片下部一般有彩斑。

全国各地常见栽培，品种众多。

观察地点： 宿根花卉园等处。花果期为5—7月。

宝铎草

萱草

玉簪 Hosta plantaginea（玉簪属）

根状茎粗厚，粗1.5—3厘米。叶卵状心形、卵形或卵圆形，长14—24厘米，宽8—16厘米，先端渐尖，基部心形，具6—10对侧脉；叶柄长20—40厘米。花长10—13厘米，白色，芳香。蒴果有三棱，长约6厘米。

产于四川、湖北，湖南、江苏、安徽、浙江、福建和广东。观赏。

观察地点：宿根花卉园等处。花果期8—10月。

串铃花（葡萄风信子）Muscari botryoides（串铃花属）

多年生草本。鳞茎卵圆形，皮膜白色；球茎1— 2厘米。叶基生，线形，稍肉质，暗绿色，边缘常内卷，长约20厘米。花茎自叶丛中抽出，1— 3支，花茎高15— 25厘米，总状花序，小花多数密生而下垂，花冠小坛状顶端紧缩，花常蓝色，并有各色品种。

原产于南欧，我国引种栽培。

观察地点：宿根花卉园。花果期4—6月。

玉簪

串铃花（葡萄风信子）

虎眼万年青 Ornithogalum caudatum（虎眼万年青属）

鳞茎卵球形，绿色，径达10厘米。叶5—6枚，带状或长条状披针形，长30—60厘米，常绿，近革质。花葶高45—100厘米，常稍弯曲；总状花序长15—30厘米，密集多花；苞片迅速枯萎；花被片矩圆形，长约8毫米，白色。

原产于非洲南部。

观察地点：展览温室。花期7—8月，冬季也开花。

玉竹 Polygonatum odoratum（黄精属）

根状茎圆柱形，直径5—14毫米。茎高20—50厘米。叶互生，椭圆形至卵状矩圆形，长5—12厘米。花序具1—4花；花被黄绿色至白色，长13—20毫米。浆果蓝黑色，直径7—10毫米，具7—9颗种子。

东北达黑龙江，华北、西北达青海，华中、华东至台湾地区。

观察地点：宿根花卉园。花期5—6月，果期7—9月。

虎眼万年青
玉竹

吉祥草 Reineckia carnea（吉祥草属）

茎粗2—3毫米，蔓延，节上有残存叶鞘。叶簇有3—8枚条形至披针形叶，长10—38厘米。花葶长5—15厘米；穗状花序长2—6.5厘米，上部的花有时仅具雄蕊；花粉红色，芳香。浆果直径6—10毫米，熟时鲜红色。

产于华东、华中、华南及西南地区。

观察地点：展览温室。花果期7—11月。

鹿药 Smilacina japonica（鹿药属）

植株高30—60厘米。茎中部以上或仅上部具粗伏毛，具4—9叶。叶卵状椭圆形或矩圆形，长 6—13(—15)厘米，具短柄。圆锥花序具10—20余朵花；花单生，白色；花被片分离或稍合生。浆果直径5—6毫米，熟时红色，具1—2颗种子。

产于东北、华北、华中、华东至台湾及西南各地区。食用、入药。

观察地点：宿根花卉园。花期5—6月，果期8—9月。

吉祥草

鹿药

郁金香 Tulipa gesneriana（郁金香属）

鳞茎皮纸质，内面顶端和基部有少数伏毛。叶3—5枚，条状披针形至卵状披针形。花单朵顶生，大型而艳丽；花被片红色或杂有白色和黄色，有时为白色或黄色，长5—7厘米，宽2—4厘米。6枚雄蕊等长；柱头紧贴雌蕊，呈鸡冠状。

原产于欧洲，我国引种栽培。观赏。

观察地点：宿根花卉园。花期4—5月。

丝兰 Yucca smalliana（丝兰属）

茎很短或不明显。叶近莲座状簇生，坚硬，近剑形或长条状披针形，长25—60厘米，宽2.5—3厘米，顶端具一硬刺，边缘有许多稍弯曲的丝状纤维。花葶高大而粗壮；花近白色，下垂，排成狭长的圆锥花序，花序轴有乳突状毛；花被片长约3—4厘米；花丝有疏柔毛；花柱长5—6毫米。秋季开花。

原产于北美东南部。

观察地点：宿根花卉园、紫薇园。花果期6—8月。

郁金香

丝兰

百部科 STEMONACEAE

多年生草本或半灌木。叶互生、对生或轮生。花序腋生或贴生于叶片中脉；花两性，整齐；花被片4枚，2轮；雄蕊4枚；子房1室。蒴果卵圆形，稍扁，熟时裂为2爿。

本科共3属，约30种，分布于亚洲东部、北美洲的亚热带地区及澳大利亚。我国有2属，6种，分布于华中及以南各地区。

百部 Stemona japonica（百部属）

块根常长圆状纺锤形，粗1—1.5厘米。茎长达1米，下部直立，上部攀援状。叶2—4（—5）枚轮生，卵形至卵状长圆形，长4—9（—11）厘米，顶端渐尖或锐尖；主脉通常5条；花被片淡绿色，披针形，长1—1.5厘米；雄蕊紫红色，药顶箭头状，两侧有下垂的丝状体。

产于浙江、江苏、安徽、江西等省；生于山坡草丛、路旁和林下。药用。

观察地点：本草园。花果期6—10月。

石蒜科 AMARYLLIDACEAE

常多年生草本，极少灌木至乔木状。具鳞茎、根状茎或块茎。叶多数基生，多少呈线形。花单生或排成花序，通常具佛焰苞状总苞；花两性，辐射对称或为左右对称；花被片6，2轮；雄蕊通常6；子房下位，3室。蒴果开裂，很少为浆果状。

本科共100多属，1200 多种，分布于温暖地区。我国约有17属，40余种。

金边龙舌兰 *Agave americana* var. *variegata*（龙舌兰属）

多年生植物。叶呈莲座式排列，通常30—40枚或更多，肉质，倒披针状线形，长1—2米，中部宽15—20厘米，叶缘淡黄色。大型圆锥花序，长达6—12米；花黄绿色。蒴果长圆形，长约5厘米。

原产于美洲热带。

观察地点：展览温室。不定期开花。

秋水仙 Colchicum autumnale（秋水仙属）

多年生草本。球根花卉，球茎卵形，外皮黑褐色。茎极短，大部埋于地下。春季展叶，披针形，长约30厘米。开花时仅有花葶抽出，伞形花序有花1—4朵，花蕾纺锤形，开放时漏斗形，花被6枚，淡粉红色或紫红色，高约10—15厘米。蒴果，种子多数，褐色。

原产于欧洲和地中海沿岸。

观察地点：宿根花卉园。花果期8—10月。

红花文殊兰 Crinum amabile（文殊兰属）

高50—100厘米，茎向基部渐粗大。叶片为大型宽带形，长100—150厘米，宽10—14厘米，全缘。顶生伞形花序，具2枚紫红色总苞片，有小花15—20余朵；花被筒暗紫色，长条形，红色，边缘为白色或浅粉色的宽条纹，具芳香。

原产于印度尼西亚，我国引种栽培。

观察地点：展览温室。花果期9月至转年3月。

秋水仙

红花文殊兰

花朱顶红 Hippeastrum vittatum（朱顶红属）

鳞茎球形，直径5—7.5厘米，叶6—8枚，花后抽出，带形，长30—40厘米；花红色，中心及边缘有白色条纹，钟状或喇叭状；花被裂片倒卵形或长圆形，长9—15厘米。

原产于南美，我国引种栽培。

观察地点：展览温室。花期3—5月或4—7月。

中国石蒜 Lycoris chinensis（石蒜属）

鳞茎卵球形，直径约4厘米。春季出叶，叶带状，长约35厘米。花茎高约60厘米；伞形花序有花5—6朵；花黄色；花被裂片背面具淡黄色中肋；雄蕊与花被近等长或略伸出花被外，花丝黄色；花柱上端玫瑰红色。

产于河南、江苏、浙江。野生于山坡阴湿处。

观察地点：宿根花卉园。花期7—8月，果期9月。

花朱顶红

中国石蒜

薯蓣科 DIOSCOREACEAE

多为缠绕草质或木质藤本。地下部分为根状茎或块茎。叶互生，有时中部以上对生，单叶或掌状复叶。花单性或两性，常雌雄异株。雄花花被片6，2轮排列；雄蕊6枚，有时其中3枚退化。雌花子房下位，3室。果实为蒴果、浆果或翅果；种子有翅或无翅。

本科约9属，650种，广泛分布于全球的热带和温带地区。我国有1属，约50种。

穿龙薯蓣 Dioscorea nipponica（薯蓣属）

草质藤本。根状茎横生，圆柱形。茎左旋，长达5米。单叶互生，叶柄长10—20厘米；叶片掌状心形，基部叶长10—15厘米。花雌雄异株。雄花序为腋生的穗状花序；花被6裂。雌花序穗状，单生。蒴果成熟后枯黄色，顶端凹入；种子每室2枚，有时1枚。

分布于东北、华北、华东、西北及西南等地区。药用。

观察地点：本草园。花果期6—10月。

雨久花科 PONTEDERIACEAE

水生或沼生草本；茎富于海绵质和通气组织。叶通常二列，多具叶鞘和明显的叶柄；叶片宽线形至披针形或宽心形。花序顶生，生于叶鞘的腋部；花两性，辐射对称或两侧对称；花被片6枚， 2轮，花瓣状；雄蕊多数为6枚，2轮；子房上位，多3室，中轴胎座，或1室3侧膜胎座。蒴果或小坚果。

本科共9属，约39种，广泛分布于热带和亚热带地区，常生长在各类水域中。我国有2属，4种。

雨久花 Monochoria korsakowii（雨久花属）

直立。茎高30—70厘米。叶基生和茎生；基生叶宽卵状心形，长4—10厘米，全缘，弧状脉多数；叶柄长达30厘米，有时膨大；茎生叶渐小，基部增大成鞘。顶生花序有花10余朵；花被片长10—14毫米，顶端圆钝，蓝色。蒴果长卵圆形，长10—12毫米。种子长圆形，长约1.5毫米。

产于东北、华北、华中、华东和华南。生于浅水和稻田中。

观察地点：水生与藤本园。花期7—8月，果期9—10月。

梭鱼草 Pontederia cordata（梭鱼草属）

多年生。根茎黄褐色，具不定根，长15—30厘米。茎叶丛生，呈蓝灰色，株高80—150厘米。叶片倒卵状披针形，长达25厘米，叶基生广心形。花葶直立，通常高出叶面，穗状花序顶生，长5—20厘米；小花200朵以上，密集，直径约10毫米左右，上方花瓣有两个黄绿色斑点。果皮坚硬。

原产于美洲地区，我国引种栽培。

观察地点：水生与藤本园。花果期5—10月。

鸢尾科 IRIDACEAE

多年生草本。常具根状茎、球茎或鳞茎。叶多基生，剑形或为丝状，基部成鞘状，互相套叠。多数只有花茎。花两性，色泽鲜艳美丽，常辐射对称，单生至形成花序；有苞片；花被裂片6，两轮排列；雄蕊3；花柱上部多有三个分枝，圆柱形或呈花瓣状，柱头3—6，子房下位，3室，中轴胎座，胚珠多数。蒴果；种子多数。

本科约60属，800种，广泛分布于全世界，以非洲南部及美洲热带最多。我国产11属，约80种，多分布于西南、西北及东北各地区。

射干 Belamcanda chinensis（射干属）

根状茎斜伸，黄色或黄褐色；须根多数。茎高1—1.5米。叶长20—60厘米，宽2—4厘米。花序顶生，叉状分枝，苞片膜质；花橙红色，散生紫褐色的斑点，直径4—5厘米；花被裂片6，2轮排列；雄蕊长1.8—2厘米；花柱顶端3裂，略外卷。蒴果倒卵形或长椭圆形，长2.5—3厘米；种子圆球形，直径约5毫米。

产于东北、华北至华南和西南的多数地区。观赏、药用。

观察地点：本草园。花期6—8月，果期7—9月。

黄菖蒲 Iris pseudacorus（鸢尾属）

植株基部有老叶纤维。根状茎直径可达2.5厘米，黄褐色。基生叶灰绿色，宽剑形，长40—60厘米，宽1.5—3厘米。花茎粗壮，高60—70厘米；苞片3—4枚，膜质；花黄色，直径10—11厘米；雄蕊长约3厘米；花柱分枝淡黄色，长约4.5厘米，宽约1.2厘米，顶端裂片半圆形，边缘有疏牙齿。

原产于欧洲，我国各地常见栽培。喜生于河湖沿岸的湿地或沼泽地上。观赏、药用。

观察地点：水生与藤本园。花期5月、果期6—8月。

庭菖蒲 Sisyrinchium rosulatum（庭菖蒲属）

多年生莲座状草本。茎纤细，高15—25厘米，节常呈膝状弯曲，沿两侧生有狭的翅。叶狭条形，长6—9厘米，宽2—3毫米。苞片5—7枚，包有4—6朵花；花淡紫色，喉部黄色，直径0.8—1厘米；雄蕊3，花丝下部合成管状，包住花柱；花柱丝状，上部3裂。蒴果球形，直径2.5—4毫米。

原产于北美洲，我国南方常引种用于装饰花坛，现已逸为半野生。

观察地点：宿根花卉园岩生植物区。花期5月，果期6—8月。

黄菖蒲

庭菖蒲

凤梨科 BROMELIACEAE

陆生或附生草本，表皮细胞含硅质体。茎短。叶互生，狭长，常基生，单叶，全缘或有刺状锯齿，叶鞘形成贮水器。花常两性，为顶生的穗状、总状、头状或圆锥花序；苞片常显著而具鲜艳的色彩；萼片3枚；花瓣3枚，分离或连合呈管状；雄蕊6枚，花药丁字形着生；子房3室。浆果、蒴果或聚花果。

本科共45属，2000种，仅1种产于热带非洲的西部，其余全产于美洲。我国引种栽培较多。

紫花凤梨 Tillandsia cyanea（铁兰属）

多年生附生常绿草本。株高不及30厘米。叶窄线形，长20—30厘米，宽1—1.5厘米，中部带有紫褐色斑晕。花序梗自叶丛中抽生，长约20厘米，顶端部分扁平，穗状花序由近淡紫色的苞片对生组成；小花青紫色，约20朵，花冠径约3厘米，形似蝴蝶。

原产于厄瓜多尔。

观察地点：展览温室。花果期9月至转年的3月。

鸭跖草科 COMMELINACEAE

一年生或多年生草本。茎有明显的节和节间。叶互生，有明显的叶鞘。花通常在蝎尾状聚伞花序上，至退化为单花。花两性，极少单性。萼片3枚。花瓣3枚，通常分离。雄蕊6枚，全育或仅2—3枚能育；花丝有念珠状长毛或无毛；子房常3室。果实多为室背开裂的蒴果。

本科约40属，600种，主产于热带，个别种达温带。我国有13属，53种，主产于华南至西南。

紫万年青 Rhoeo discolor（紫万年青属）

常绿多年生草本。茎、叶稍多汁。叶宽披针形，正面绿色，缀有深浅不同的条斑，背面紫红色，亦有紫红深浅不一的条斑，长15—30厘米，宽2.5—6厘米，基部具鞘。苞片2，蚌壳状，淡紫色；小花白色，萼片3，花瓣状，花瓣3。雄蕊6，花丝有白色长毛。

原产于墨西哥和西印度群岛，现广泛栽培。

观察地点：展览温室。花期8—10月。

紫露草 Tradescantia reflexa（紫露草属）

细弱多年生草本。茎多分枝，紫红色，下部匍匐，节上常生不定根，上部近于直立，全株无毛。叶互生，披针形，基部抱茎而生叶鞘，下面紫红色。苞片外卷，线状披针形；花密生在2叉状的花序柄上，集成伞形花序，萼片3，绿色，花瓣3，蓝紫色；雄蕊6枚，具毛。蒴果椭圆形。

原产于南美。观赏。

观察地点：本草园、环保植物园等处。花果期7—10月。

紫万年青

紫露草

禾本科 GRAMINEAE

草本。根大多数为须根。茎多节间中空，常为圆筒形。叶为单叶互生，常交互排列为2行，分为叶鞘、叶舌、叶片三部分。花多风媒，小花序形成小穗，轴上底部苞片可称为颖片，包裹小花的苞片称为稃片，可伸出芒状附属物；内轮花被片常退化为2—3个鳞被；雄蕊常3—6枚；雌蕊1，花柱2或3。果实通常为颖果，其果皮质薄而与种皮愈合。

本科约700属，近10 000种，是单子叶植物中仅次于兰科的第二大科，适应各种不同类型的极端生态环境。我国各地区均产，共200余属，1500种以上。

银边草 Arrhenatherum elatius var. bulbosum f. variegatum（燕麦草属）

原种燕麦草*Arrhenatherum elatius*形态特征为：须根粗壮。秆直立或基部膝曲，高1—1.5米。叶片扁平，长14—25厘米。圆锥花序疏松，长20—25厘米；小穗长7—9毫米；外稃先端微2裂，第一小花仅具3枚雄蕊，第一外稃基部的芒长度可为稃体的2倍。

原产于英国。我国引种栽培。观赏。

观察地点：宿根花卉园。花果期7—9月。

与银边草的主要区别：本种秆基部膨大呈念珠状；叶片较长，长20—30厘米，具黄白色条带。

早园竹 *Phyllostachys propinqua*（刚竹属）

秆高6米，粗3—4厘米，光滑无毛；中部节间长约20厘米；秆环微隆起与箨环同高。箨鞘上部被紫褐色小斑点和斑块；箨片披针形或线状披针形。末级小枝具2—3叶；常无叶耳及鞘口繸毛；叶舌强烈隆起，先端拱形，被微纤毛；叶片披针形或带状披针形，长7—16厘米，宽1—2厘米。

产于河南、江苏、浙江、安徽、湖北、贵州、广西等省区。食用、竹材、观赏。

观察地点：散植于我园办公区及专类展区间。笋期4月上旬开始。

箬竹 *Indocalamus tessellatus*（箬竹属）

秆高0.75—2米，直径4—7.5毫米；节间长可达30厘米，节下方有红棕色贴秆的毛环。箨片大小多变化，窄披针形，易落。小枝具2—4叶；叶片，长20—46厘米，宽4—10.8厘米。圆锥花序；小穗含5或6朵小花；颖3片；第二颖及第三颖具芒尖。

产于浙江西和湖南，生于海拔300—1400米的山坡路旁。

观察地点：水生与藤本园、宿根花卉园等处。笋期4—5月，花期6—7月。

早园竹

箬竹

变叶芦竹 Arundo donax var. versicolor（芦竹属）

原种芦竹*Arundo donax*特征为：多年生，具发达根状茎。秆粗大直立，高3—6米，直径达3厘米，具多数节。叶鞘长于节间；叶片扁平，长50厘米以上，具白色纵长条纹，基部抱茎。大型圆锥花序，长30—60（—90)厘米；小穗长10—12毫米；外稃具短芒。颖果细小黑色。

产于台湾地区。秆可制管乐器中的簧片。

观察地点：宿根花卉园。花果期7—10月。

野牛草 Buchloe dactyloides（野牛草属）

植株纤细，高5—25厘米。叶鞘疏生柔毛；叶舌短小，具细柔毛；叶片线形，粗糙，长3—10（—20）厘米，宽1—2毫米，两面疏生白柔毛。雄花序有2—3枚总状排列的穗状花序，长5—15毫米，宽约5毫米，草黄色；雌花序常呈头状，长6—9毫米，宽3—4毫米。种子小，黑褐色。

原产于美国，我国经引种选育作为草坪。

观察地点：松柏园。花果期6—8月。

变叶芦竹

野牛草

花叶芒 Miscanthus sinensis 'Variegatus'（芒属）

多年生苇状草本。秆高1—2米。叶舌膜质；叶片线形，长20—50厘米，具乳黄色条纹。圆锥花序直立，长15—40厘米；小穗披针形，长4.5—5毫米，黄色有光泽；柱头羽状，长约2毫米，紫褐色。颖果长圆形，暗紫色。

原产于东亚地区，现在温带地区栽培很广。

观察地点：各区边缘常见点缀。花果期8—10月。

狼尾草 Pennisetum alopecuroides（狼尾草属）

多年生。须根较粗壮。秆直立，丛生，高30—120厘米。叶片线形，长10—80厘米，宽3—8毫米。圆锥花序直立，长5—25厘米；主轴密生柔毛；刚毛粗糙，长1.5—3厘米；小穗通常单生，长5—8毫米；第一颖微小或缺；第二颖卵状披针形；第一外稃与小穗等长。颖果长约3.5毫米。

我国广泛分布；多生于海拔3000米以下的荒地及山坡上。

观察地点：宿根花卉园西侧。花果期夏秋季。

花叶芒

狼尾草

棕榈科 PALMAE

灌木、藤本或乔木，茎通常不分枝。叶互生，在芽时折叠，多为羽状或掌状分裂。花小，单性或两性，具佛焰花序；花萼和花瓣各3片；雄蕊通常6枚，2轮排列；子房1—3室或心皮离生。果实为核果或硬浆果。种子通常1个，被薄的或有时是肉质的外种皮。

本科约210属，2800种，主产于热带亚洲及美洲。我国约有28属，100余种，产于西南至东南部各地区。

鱼尾葵 Caryota ochlandra（鱼尾葵属）

乔木状，高10—15（—20）米，直径15—35厘米，茎绿色，被白色的毡状绒毛。叶长3—4米；羽片长15—60厘米，宽3—10厘米。花序长3—3.5（—5）米，具多数穗状的分枝花序；雄花花瓣长约2厘米，黄色，雄蕊（31—）50—111枚；雌花，花瓣长约5毫米；退化雄蕊3枚。果实球形，成熟时红色，直径1.5—2厘米。

产于华南及云南等地区，生于海拔450—700米的山坡或沟谷林中。绿化、食用。

观察地点：展览温室。花期5—7月，果期8—11月。

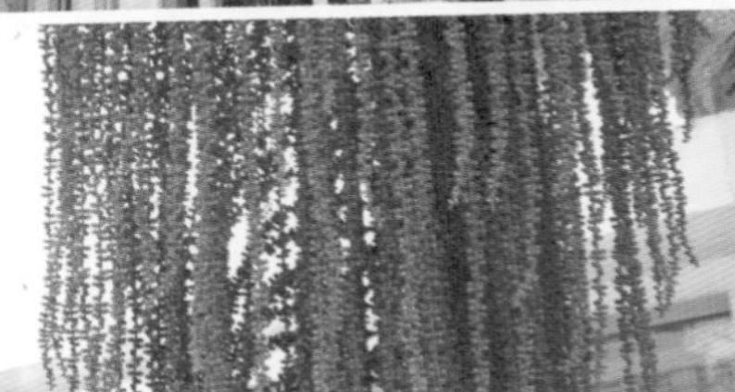

天南星科 ARACEAE

草本植物，具块茎或根茎；稀为灌木或附生藤本。单叶1或少数，有时花后出现，通常基生，基部鞘状；叶片全缘或分裂。花小，排列为肉穗花序，常极臭；外面有佛焰苞。花两性或单性。花被如存在则为2轮。雄蕊通常与花被片同数对生。子房常上位。果常为浆果；种子1至多数。

本科共115属，2000余种。主要分布于热带和亚热带。我国有35属，205种。

花烛 Anthurium andraeanum（花烛属）

株高一般为50—80厘米，因品种而异。具肉质根，无茎，叶从根茎抽出，具长柄，叶片长卵状心形至长圆状心形，长8—15厘米，鲜绿色，叶脉凹陷。花腋生，佛焰苞蜡质，心形至卵圆状心形，鲜红色或白色等；肉穗花序，圆柱状，直立，黄色而基部具白色条带。

原产于哥伦比亚，现广为栽培。

观察地点： 展览温室。四季开花。

半夏 Pinellia ternata（半夏属）

块茎圆球形，直径1—2厘米。叶2—5枚。叶柄长15—20厘米，基部具鞘，有小型珠芽；幼苗全缘单叶；老株叶片3全裂，裂片长圆状椭圆形。花序柄长25—30（—35）厘米。佛焰苞管部狭圆柱形。肉穗花序中下部雌花序长2厘米，上部雄花序5—7毫米；附属器长6—10厘米，直立，有时“S”形弯曲。浆果卵圆形。

除内蒙古、新疆、青海、西藏外，全国各地广布。药用。

观察地点：各处野生、本草园有栽培。花期5—7月，果期8月。

大薸(piáo) Pistia stratiotes（大薸属）

水生草本，飘浮。茎上节间十分短缩。叶螺旋状排列呈莲座状，淡绿色，二面密被细毛；倒卵状楔形或近线状长圆形，长1.3—10厘米；叶鞘托叶状。花序具极短的柄。佛焰苞极小，长约0.5—1.2厘米，叶状，白色。肉穗花序短于佛焰苞，花单性同序；下部雌花序具单花；上部雄花序有花2—8，无附属器。花无花被，雄花有雄蕊2。浆果小，卵圆形。

全球热带及亚热带地区广泛分布。我国华南地区野生，多地引种。作饲料。

观察地点：水生与藤本园、展览温室。花果期6—8月。

半夏
大薸

露兜树科 PANDANACEAE

常绿乔木，灌本或藤本，稀草本。茎多呈假二叉式分枝，常具气根。叶狭长带状，硬革质，聚生于枝顶；叶缘和背脊上有锐刺。花单性，雌雄异株；花序常为叶状佛焰苞所包围；花被缺或鳞片状；雄花具1至多枚雄蕊，花丝常上部分离而下部合生；子房上位，1室，每室胚珠1至多粒。聚花果，由多数核果或核果束组成，或为浆果状。种子极小。

本科共3属，约800种，广泛分布于亚洲、非洲和大洋洲热带地区。我国有2属，10种，分布于热带、亚热带地区，为东半球热带特征植物。

红刺露兜树 Pandanus utilis（露兜树属）

常绿分枝灌木或小乔木，高达20米，具粗壮气根。叶簇生于枝顶，三行紧密螺旋状排列，条形，长达80厘米，宽4厘米，先端渐狭成一长尾尖，叶缘和背面中脉有粗壮的红色锐刺。雄花序由若干穗状花序组成，芳香，雄蕊常为10余枚；雌花序头状，单生于枝顶，圆球形。聚花果形似菠萝，直径达20厘米，向下悬垂，由多个核果束组成，成熟时橘红色。

原产于马达加斯加，生于海边沙地或引种作绿篱。

观察地点：展览温室。花期1—5月。

香蒲科 TYPHACEAE

多年生水生草本。根状茎横走。地上茎直立。叶二列，互生；鞘状叶很短，基生；条形叶直立，全缘，横切面呈新月形、半圆形或三角形；叶脉平行；叶鞘长。花单性，雌雄同株，花序穗状；雄花序生于上部至顶端；雌性花序位于下部；苞片叶状，着生于花序基部；雄花无被，通常由1—3枚雄蕊组成；雌花无被，子房柄基部至下部具白色丝状毛。果实为小坚果，被丝状毛或鳞片。

本科仅1属，16种，分布于热带至温带，主要分布于欧亚和北美，大洋洲有3种。我国有11种，南北广泛分布，温带地区较多。

小香蒲 *Typha minima*（香蒲属）

高16—65厘米，地上茎直立，细弱，矮小。叶通常基生，鞘状，无叶片，如叶片存在，长15—40厘米，宽约1—2毫米。雌雄花序远离，雄花序长3—8厘米；雌花序长1.6—4.5厘米。

产于东北、华北、华中、西北至西南等地区。生于池塘、水沟边浅水处。观赏、药用。

观察地点：水生与藤本园。花果期5—8月。

与近缘种类的主要区别：本种较矮，叶片较窄，雌雄花序远离且雌花序较短。

莎草科 CYPERACEAE

常为多年生草本并具根状茎。秆多三棱形。叶一般具闭合的叶鞘和狭长的叶片。花序多种多样；小穗具2至多数花，或退化至仅具1花；花两性或单性，多雌雄同株，着生于鳞片（颖片）腋间，无花被或花被退化成鳞片或刚毛；雄蕊常3个或2个；子房1室，每室1胚珠，柱头2—3个。果实为小坚果。

本科约80属，4000余种。中国有28属，500余种，广泛分布于全国，多生长于潮湿处或沼泽中。

风车草 Cyperus alternifolius ssp. flabelliformis（莎草属）

根状茎短，粗大。秆高30—150厘米，基部包裹以无叶的鞘。苞片达20枚，长几相等，较花序长约2倍，向四周展开；多次复出长侧枝聚伞花序具多数辐射枝，最长达7厘米并具4—10个第二次辐射枝，小穗密集于其上，长3—8毫米，压扁；鳞片紧密的覆瓦状排列，苍白色或黄褐。小坚果褐色。

我国各地区均见栽培观赏；原产于非洲，广泛分布于沼泽、湖泊等水体边缘。

观察地点：水生与藤本园、展览温室。花果期4—8月。

荸荠 Heleocharis dulcis（荸荠属）

细长的匍匐根状茎顶端生有块茎，即食用的荸荠。秆圆柱形，多数丛生，直立，高15—60厘米，直径1.5—3毫米，灰绿色，光滑无毛。叶缺如，只在秆的基部有2—3个叶鞘。小穗顶生，圆柱状，长1.5—4厘米；下位刚毛7条；柱头3。小坚果宽倒卵形，双凸状。

全国各地都有栽培。供食用；入药。

观察地点：水生与藤本园。花果期5—10月。

水葱 Scirpus validus（藨草属）

匍匐根状茎粗壮，具许多须根。秆高大，圆柱状，高1—2米，平滑，基部叶鞘。叶片线形，长1.5—11厘米。小穗单生或2—3个簇生顶端。小坚果倒卵形或椭圆形，双凸状，长约2毫米。花果期6—9月。

产于我国东北、华北、西北至云南；生长在湖边或浅水塘中。

观察地点：水生与藤本园。

荸荠

水葱

芭蕉科 MUSACEAE

多年生草本；茎或假茎常高大，不分枝。叶通常较大，螺旋排列或两行排列，由叶片、叶柄及叶鞘组成；叶脉羽状。花两性或单性，两侧对称，常排成顶生或腋生的聚伞花序，苞片颜色鲜艳；花被3基数，花瓣状或有花萼、花瓣之分，分离或连合；雄蕊5—6，花药2室；子房下位，3室，胚珠多数，中轴胎座或单个基生。浆果或蒴果；种子坚硬。

本科共10属，约140种，产于热带、亚热带地区。我国有7属，19种，主产于南部及西南部。

芭蕉 Musa basjoo（芭蕉属）

植株高2.5—4米。叶片长圆形，长2—3米，宽25—30厘米；叶柄粗壮，长达30 厘米。花序顶生，下垂；苞片红褐色或紫色；雌花生于花序下部；雌花在每一苞片内约10—16朵；合生花被片长4—4.5厘米，离生者几等长。浆果三棱状，长圆形，长5—7厘米，肉质，内具多数种子。种子黑色。

原产于琉球群岛，秦岭淮河以南可以露地栽培。纤维、入药、食用。

观察地点：展览温室。花期5—6月，果期7—8月。

大鹤望兰 *Strelitzia nicolai*（鹤望兰属）

茎干高达8米，木质。叶片长圆形，长90—120厘米，宽45—60厘米；叶柄长达1.8米。花序腋生，花序上通常有2个大型佛焰苞，舟状，长25—32厘米，内有花4—9朵；萼片披针形，白色，长13—17厘米，下方的1枚背具龙骨状脊突，箭头状花瓣天蓝色，长10—12厘米；雄蕊线形。

原产于非洲南部。我国台湾地区、广东有引种。

观察地点：展览温室。花果期9—12月。

姜科 ZINGIBERACEAE

常为陆地多年生草本，通常具芳香的根状茎。叶通常二行排列，叶片较大，通常为披针形或椭圆形，具叶鞘，叶鞘的顶端有叶舌。花单生或组成花序；花两性，罕杂性，通常二侧对称，具苞片；花被片6枚，2轮排列，外轮萼状，通常合生成管，内轮花冠状，基部合生成管状；退化雄蕊2或4枚，内轮的2枚常联合成一唇瓣；发育雄蕊1枚；子房下位，常3室；胚珠通常多数；花柱1枚，通常经发育雄蕊花药室之间穿出。果为蒴果或浆果状。

本科约49属，1500种，分布于全世界热带、亚热带地区，主产地为热带亚洲。我国有19属，150余种，产于东南部至西南部各地区。

艳山姜 Alpinia zerumbet（山姜属）

株高2—3米。叶片披针形，长30—60厘米，顶端渐尖；叶柄长1—1.5厘米；叶舌长5—10毫米。圆锥花序呈总状花序式，下垂，长达30厘米；花萼近钟形，长约2厘米，白色，顶端粉红色；花冠裂片长约3厘米，后方的1枚较大，乳白色，顶端粉红色，唇瓣匙状宽卵形，长4—6厘米；子房被金黄色粗毛。蒴果卵圆形，直径约2厘米，熟时朱红色。

产于我国东南部至西南部各地区。观赏、入药。

观察地点：展览温室。花期4—6月，果期7—10月。

美人蕉科 CANNACEAE

多年生直立粗壮草本，有块状的地下茎。叶大，互生，有明显的羽状平行脉，具叶鞘。花两性，大而美丽，不对称，排成顶生花序；萼片3枚；花瓣3枚，萼状，下部合生成管；退化雄蕊花瓣状，显著，红色或黄色，3—4枚，外轮较大，内轮的1枚较狭；发育雄蕊的花丝呈花瓣状；子房下位。果为一蒴果，3瓣裂。

本科仅1属，约55种，产于美洲的热带和亚热带地区。中国常见引入栽培的约6种。

大花美人蕉 Canna xgeneralis（美人蕉属）

高约1.5米，茎、叶和花序均被白粉。叶片椭圆形，长达40厘米。总状花序顶生，长15—30厘米；花大，每一苞片内有花1—2朵；花冠管长5—10毫米，花冠裂片披针形，长4.5—6.5厘米；外轮退化雄蕊3，倒卵状匙形，颜色多种；唇瓣倒卵状匙形，长约4.5厘米。

产于北美，我国各地常见栽培。本种包括很多园艺品种。

观察地点： 本草园、宿根花卉园。花果期7—10月。

竹芋科 MARANTACEAE

多年生草本，有根茎或块茎。叶通常大，具羽状平行脉，通常2列，具柄，有叶鞘。花两性，不对称，常成对生于苞片中，组成顶生的复合花序；萼片3枚，分离；花冠管短或长，裂片3，外方的1枚通常大而多少特化；退化雄蕊2—4枚，外轮的常1—2枚并呈花瓣状，内轮的2枚一为兜状，一为硬革质；发育雄蕊1枚，花瓣状，花药1室，生于一侧；子房下位，1—3室；每室有胚珠1颗。果为蒴果或浆果状。

本科约30属，400种，分布于热带地区。我国原产及引入栽培的共4属，10余种。

水竹芋（再力花）Thalia dealbata（水竹芋属）

多年生挺水草本，高达2米。全株附有白粉。叶卵状披针至卵状长圆形，浅灰蓝色，边缘紫色，长20—40厘米，宽25厘米，顶端锐尖或渐尖，具柄长达60厘米。疏散的圆锥花序，具一枚叶状总苞片；花小，紫色。

原产于美国南部和墨西哥的热带植物。我国近年引入。

观察地点：水生与藤本园。花果期7—9月。

兰科 ORCHIDACEAE

草本。常有变态茎。叶扁平或有时圆柱形。花两性，通常两侧对称；花被片6，2轮排列；萼片离生或不同程度的合生；中央1枚花瓣特化为唇瓣，由于花发育中的扭转或弯曲而处于下方；子房下位，1室，多侧膜胎座；除子房外的雌雄蕊器官融合成蕊柱；蕊柱顶端一般具药床和1个花药，腹面有1柱头穴和舌状蕊喙；花粉通常粘合成花粉团，一端具柄并连接于蕊喙的粘盘上，有时粘盘还有柄状附属物，这一花粉块结构在虫媒传粉中起到特殊作用。果实通常为蒴果，具极多种子。种子细小，种皮常在两端延长成翅状。

本科是被子植物第二大科，有700余属约20 000种，产于热带地区和亚热带地区，少数种类也见于温带地区。我国有170属，1300种以上。

白及 Bletilla striata（白及属）

植株高18—60厘米。假鳞茎扁球形。茎劲直。叶4—6枚，狭长圆形或披针形，长8—29厘米。花序具3—10朵花；花序轴多呈“之”字状；花大，紫红色或粉红色；萼片和花瓣近等长；花瓣较萼片稍宽；唇瓣较萼片和花瓣稍短，白色间有紫色脉；蕊柱长18—20毫米，柱状。

产于秦岭及淮河以南的大部分地区。假鳞茎均供药用。

观察地点：展览温室。花期4—5月。

西藏虎头兰 Cymbidium tracyanum（兰属）

附生植物；假鳞茎长5—11厘米，大部分包藏于叶鞘内。叶5—8枚或更多，带形，长55—80厘米，下部有关节。花葶长达100厘米；总状花序常具10余花；花大，直径达13—14厘米，有香气；萼片与花瓣黄绿色至橄榄绿色，有多条不甚规则的暗红褐色纵脉；萼片长（4.5—)5.5—7厘米；侧萼片稍斜歪并扭曲；花瓣镰刀形，下弯并扭曲；唇瓣卵状椭圆形，长4.5—6厘米，3裂；花粉团2个，三角形。蒴果椭圆形，长8—9厘米。

产于贵州西南部（册亨）、云南西南部至东南部和西藏东南部。生于林中大树干上或树杈上，也见于溪谷旁岩石上，海拔1200—1900米生存。

观察地点： 展览温室。花期9—12月。

杏黄兜兰 Paphiopedilum armeniacum（兜兰属）

地生或半附生植物，具细长而横走的根茎。叶5—7枚；叶片长圆形，坚革质，长6—12厘米，背面有密集的紫色斑点，边缘有细齿。花葶直立，长15—28厘米，顶端生1花；花大，直径7—9厘米，纯黄色；花瓣大，长2.8—5.3厘米；唇瓣深囊状，近椭圆状球形或宽椭圆形，长4—5厘米，基部具短爪，囊底有白色长柔毛和紫色斑点。

产于云南西部，生于海拔1400—2100米的岩壁或排水良好的草坡上。

观察地点： 展览温室。花期2—4月。

西藏虎头兰

杏黄兜兰

科属学名索引

参观券

每券壹人　当日有效

中国科学院植物研究所

北京植物园

创建于1956年，现有展区20余公顷。建成牡丹园、月季园、展览温室、宿根花卉园、丁香园、紫薇园、松柏园和本草园等10余个展示园，收集保存植物5000余种。

作为全国科普教育基地，这里是您游览、休闲、学习植物科学知识的理想场所。

参观时间：　春夏：8：00—17：00
　　　　　　秋冬：8：30—16：30

参观标记区

园区：

温室：

参观券

每券壹人　当日有效

中国科学院植物研究所

北京植物园

创建于1956年，现有展区20余公顷。建成牡丹园、月季园、展览温室、宿根花卉园、丁香园、紫薇园、松柏园和本草园等10余个展示园，收集保存植物5000余种。

作为全国科普教育基地，这里是您游览、休闲、学习植物科学知识的理想场所。

参观时间：　春夏：8：00—17：00
　　　　　　秋冬：8：30—16：30

参观标记区

园区：

温室：

赠送参观券随书使用，撕下无效。